JN061985

本でみる アンモナイト博物館

日本の
アンモナイト

大八木和久 [著]
Kazuhisa Oyagi

築地書館

はじめに

アンモナイトの魅力

　1971年6月11日に初めて北海道の三笠市でアンモナイトを採集してから、今年でちょうど50年になります。この50年の間に68回も北海道に通い、たくさんの化石を採集してきました。北海道に滞在しているときは毎日毎日山に入り、重いリュックを担いで毎日10kmとか20kmとか、山河を歩き回っています。普段の巡検では考えられないくらいの行動力です。

　ちなみに、2020年は12日間で25カ所を巡検し、徒歩が160km、自転車が40kmと、とてもハードな活動をしました。言っておきますが僕は今年71歳になります。そんな僕ですが、頑張っています。

　採集した化石の量はちょうど200kg、それでも例年よりはうんと少ないものでした。収穫の多い年には300kgを超える量の化石を車に積んで持ち帰りますから、車はペシャンコに沈み、ヒーヒーあえぎながら走らせたこともあります。

　試しに計算してみましょう。平均1回250kgの収穫で、60回通ったとして1万5,000kgです。なんと15トンものノジュールを採集したことになります。北海道が浮き上がり、僕の住んでいる滋賀県では琵琶湖が少し沈んだかもしれません。

　化石の世界の"三種の神器"の一つがアンモナイトだと僕は思っていますが、なんといってもその種類の多さ、そしてその美しさは飛び抜けています。後の二つ、サメの歯と三葉虫も魅力的な化石ですが、アンモナイトの美しさにはとうていかないません。また、殻の幾何学的な模様や形態も、本能的に人を惹きつけるのかも知れません。

　カナダから産出するアンモナイトで、殻が虹色に輝いているものがあります。「アンモライト」と呼ばれていて、宝石として扱われています。本当に美しく、誰もがその美しさに魅了されます。北海道から産出するアンモナイトもそれに負けないような美しいものもありますが、ただ、その規模が違うようです。

　アンモナイトの美しさは、化石のでき方やその構造によるものが大きいと思います。特に北海道のアンモナイトは、ノジュールの中に入っているのが普通で、そのために保存状態がすこぶる良いのです。

　アンモナイトの殻の中（気室）が方解石の結晶で満たされていたり、あるいはメノウに置き換わっていたり、赤や黄色に色づいているものも多く、本当に美しいです。さらに、出てきたアンモナイトの表情が人の顔のようにそれぞれ違い、同じ種類であってもまったく違います。

　強いて難点を言うと、硬いノジュールの中に入っているので、ノジュールを割ったり、その中から取り出したりするときに壊れてしまうものが多いことです。また、も

ともと壊れているものがノジュー
ルの中に入っていることも多く、
なかなか完全なものを得ることは
難しいのです。だからこそ完全な
ものを得ようと毎回山河を歩き回
るのです。これは僕の果てしない
探求心です。

　さらに、ノジュールからは何が
出てくるかわからない、そんなわくわく感がたまりません。まるで宝探しのようです。

　僕は常日頃から化石を大事に扱うように心がけていて、見つけたノジュールはでき
るだけその場では割らず持ち帰り、家の中で、それもきちんと机の上で割るようにし
ています。ですから当然持ち帰る石の量は多く、そして重くなるのです。野外で石を
割ってしまうと、化石自体が割れてしまい、破片が飛び散って失うことが多いからで
す。石はどう割れるかわかりません。たいてい思わぬ形に割れてしまいます。そして
大事な化石が壊れ、価値が減少することが多々あるのです。あわてて破片を探すので
すが、地面に落ちた小さな破片はなかなか見つかりません。そんな苦い思いをしたく
ないからです。

　まあ、そんなきれい事を言う僕ですが、今でも採集現場で早くアンモナイトの顔が
見たくて、ガツンとハンマーを入れてしまうこともあります。ハンマーで石を割る技
術は上手な方だと思いますが、それでも「あ、やってしもうた」とあわてることがあ
ります。わかっちゃいるけどやめられない、ですね。

　皆さんも極力、見つけたノジュールはそのままの状態で持ち帰ってください。もち
ろん、すべてのノジュールに化石が入っているわけではないので大事に持って帰って
も家で割ってみたら何も入っていなかった、そんなこともたびたびあります。ですか
ら、せめてノジュールの表面に化石がチラッと見えていたなら、そのまま持ち帰った
方が無難です。

　僕はアンモナイトの研究者でも専門家でもありません。でも、ただの好事家でもあ
りません。とにかく好奇心が強く、探求心も人一倍あります。本書では、そんなアマ
チュアがアンモナイトの魅力を、ほんの少しですがお伝えしたいと思います。皆さん
は、アンモナイトを化石として見ると同時に、生き物としても見てください。きっと
興味が倍増するでしょう。

化石採集家
大八木 和久

目 次

白亜紀後期とアンモナイト

■地質時代——白亜紀後期

　地球が誕生してから約46億年、そして原始的な生き物が出現したのが約38億年前、生き物の多様性が拡大し始めたのが約6億年前から5億5000万年前と言われています。

　僕が北海道で調べている化石の地質時代は、白亜紀の後期という時代で、細かな区分は下の表のようになっています。

　北海道にはたくさんの化石産地がありますが、そのなかでも羽幌町や苫前町といった地域はサントニアンという時代の地層が広範囲に分布しており、僕の一番のお気に入り産地・地質時代となっています。

　とにかくアンモナイトだけでなく、多種多様な生き物が見られる上、比較的ノジュールが柔らかく、クリーニングがし

やすいという特徴があります。さらに、なんといっても化石が美しいです。

　どの産地でもいえることですが、コニアシアンやチューロニアンという時代の地層が分布する地域では、ノジュールが黒っぽく、しかも非常に硬いのが普通です。特に夕張や芦別、三笠地方のノジュールは手強いです。魅力的なアンモナイトは多いのですが、僕は苦手です。

　ノジュールの中に、きらりと光る虹色のアンモナイトを見つけたときは、思わず「やったー」という声が上がります。

■アンモナイトとは

　アンモナイトは、軟体動物の頭足類に分類されている絶滅動物です。現在生きているイカやタコ、オウムガイの仲間になります。

　非常に多くの種類が確認されており、

白亜紀後期の地質時代の細分

白亜紀後期	マストリヒチアン	7,210万～6,600万年前	610万年
	カンパニアン	8,360万～7,210万年前	1150万年
	サントニアン	8,630万～8,360万年前	270万年
	コニアシアン	8,980万～8,630万年前	350万年
	チューロニアン	9,390万～8,980万年前	410万年
	セノマニアン	1億50万～9,390万年前	660万年
		1億50万～6,600万年前	3,450万年

日本では特に北海道からたくさん産出します。しかも、そのほとんどがノジュールという硬い石の中に保存されているおかげで、今でも生きているかのごとく美しいものが多いのです。

生きていた時代は古生代のデボン紀頃から中生代の白亜紀にかけてです。このうち北海道に分布する地層のほとんどは、白亜紀の中期から後期の時代、今から約7,000万〜9,000万年前のもので

す。陸上では恐竜が幅をきかせていた頃ですね。

そして、白亜紀の末には絶滅してしまいます。というか、ここで大きな生き物の区切りができたため、中生代と新生代に区分けがされたのです。

白亜紀の末、巨大隕石が地球に衝突し、地球の環境は一変しました。舞い上がった灰に覆われた地表には長い間陽が当たらなくなり、植物が枯れ、それをえさに

地質年表　※先カンブリア時代は実際よりも縮めています。

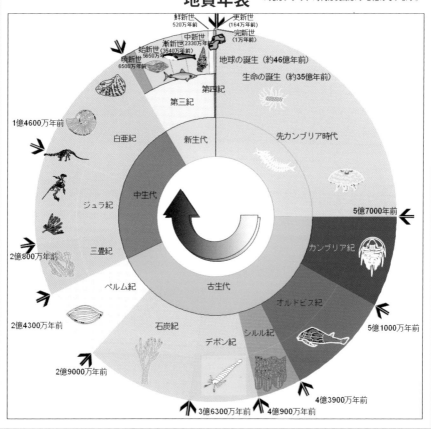

していた動物も飢え死にしました。恐竜もそのうちの一つです。

海の中では海水温が下がり、生きていけない生物も多かったでしょう。そのうちの一つがアンモナイトです。

古生代のアンモナイトはゴニアタイトと呼ばれ、中生代の三畳紀のものはセラタイトとも呼ばれています。ジュラ紀から白亜紀にかけて大繁栄を遂げます。そして白亜期末には一斉に絶滅したわけです。

この世の中にはいろいろな生き物が生息していますが、生命の発生から今日まで 38 億年の間、多くの生き物が発生し、多くの生き物が死に絶えています。そのなかでもアンモナイトはもっとも輝いた生き物だと思います。種も多く、しかもその形は多彩で美しく、僕を虜にしつづけています。

アンモナイトの各部の名前

隔壁

縫合線

ヘソ

気室

連室細管

連室細管

殻

住房

9

棘（とげ）

棘の中は空洞。

ネオクリオセラス
北海道羽幌町逆川
サントニアン

テキサナイテス
北海道羽幌町デトニ股川
サントニアン

突起

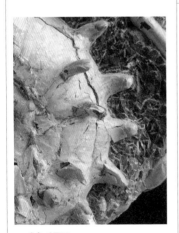

メナイテス
北海道羽幌町中股川
サントニアン

メナビテス
北海道羽幌町アイヌ沢
サントニアン

ローマニセラス
北海道小平町三の沢
チューロニアン

竜骨（キール）

ダメシテス
北海道羽幌町デト二股川
サントニアン

ハウエリセラス
北海道中川町化石沢
サントニアン

ハボロセラス
北海道苫前町上の沢
サントニアン

コリグノニセラス
北海道小平町上記念別川
チューロニアン

テキサナイテス
北海道羽幌町逆川
サントニアン

リーサイダイテス
北海道小平町上記念別川
チューロニアン

主肋・細肋・くびれ

主肋

くびれ

細肋

ネオフィロセラス
北海道羽幌町逆川　サントニアン

ネオプゾシア
北海道羽幌町逆川　サントニアン

ラペット

ネオプゾシア
北海道羽幌町中二股川　サントニアン

エゾイテス
北海道小平町三の沢　チューロニアン

ペレコディテス
宮城県気仙沼市夜這路峠　ジュラ紀

シュードニューケニセラス
福井県大野市貝皿産　ジュラ紀

殻口

たいていはＳ字状になっています。

ポリプチコセラス
北海道苫前町オンコ沢
サントニアン

バキュリテス
北海道苫前町オンコ沢
サントニアン

メタプラセンチセラス
北海道遠別町ウッツ川
カンパニアン

ゴードリセラス
北海道羽幌町逆川
サントニアン

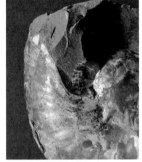

フィロパキセラス
北海道中川町学校の沢
サントニアン

ネオフィロセラス
北海道羽幌町逆川
サントニアン

ハウエリセラス
北海道中川町化石沢
サントニアン

クチバシ（ロストラム）

ダメシテス
北海道中川町
炭の沢
サントニアン

顎器

顎器はカラストンビとも呼ばれ、
口の中にあって歯に相当するものです。

山口県下関市豊田町西長野
ジュラ紀

福井県大野市貝皿
ジュラ紀

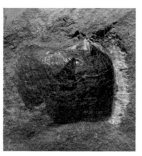

熊本県上天草市椚島
白亜紀

北海道苫前町幌立沢
サントニアン

北海道遠別町ウッツ川
カンパニアン

北海道苫前町古丹別川
サントニアン

北海道苫前町古丹別川
サントニアン

縫合線（シューチャーライン）

フィロパキセラス
北海道羽幌町逆川　サントニアン

ネオフィロセラス
北海道羽幌町逆川　サントニアン

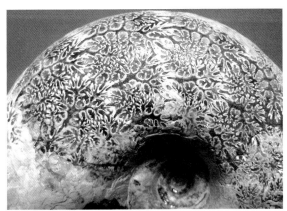

テトラゴニテス
北海道羽幌町三毛別川
サントニアン

ゼランディテス
北海道中川町学校の沢　サントニアン

ゴードリセラス
北海道羽幌町逆川　サントニアン

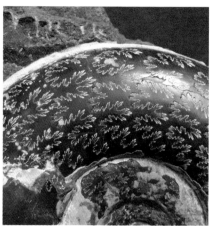

テキサナイテス
北海道苫前町上の沢　サントニアン

ハウエリセラス
北海道羽幌町アイヌ沢　サントニアン

ダメシテス
北海道羽幌町
デト二股川
サントニアン

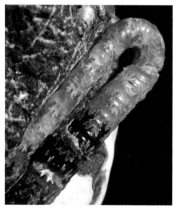

ヘテロプチコセラス
北海道羽幌町逆川
サントニアン

バキュリテス
北海道羽幌町羽幌川
サントニアン

アンモナイトの内部構造

アンモナイトは普通の巻貝と違った殻の構造をしています。それは浮遊性の生き物だからです。

殻は、空気の入る気室というところと、身（軟体部）が入るところ（住房といいます）に分かれています。気室は隔壁という殻で仕切られていて、水圧に耐える構造となっています。

部屋の中には空気や体液が入っていて、その量を変化させることで浮いたり沈んだりしています。まるで潜水艦のようですね。

各部屋は、連室細管という細い管でつながっています。

アンモナイトの隔壁は中心部から外側に行くにつれ、大きくうねっています。しっかりと外圧を受け止めるようになっているのですね。また連室細管は気室の端っこを貫いています。

ちなみに、オウムガイも似た構造をしていますが、アンモナイトとの違いは、隔壁がシンプルであること、連室細管が隔壁の真ん中を貫いていることです。

アンモナイトが死滅後、泥に埋もれて化石となった場合、気室の中は泥で満たされたり、鉱物の成分が染みこんで結晶化したりしています。あるときは空洞になって、方解石の結晶が生成していることもあります。

また、水が気室に入っていることもあり、それは8,500万年前の海水がそのまま残っているのかも知れません。ちょっとロマンチックですね。

ノジュールを割っていると、ときおり水が飛び出し、びしょびしょになること

ゴードリセラスの空洞標本。

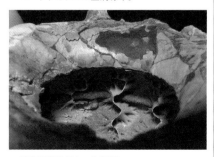
連室細管とうねった隔壁。

現生のオウムガイの内部構造。連室細管が隔壁の中心を貫いています。

があります。

外側の殻が剥がれると、隔壁が見えます。その隔壁と殻が接する線は縫合線と呼ばれています。

隔壁は、水圧に耐えられるように複雑にうねっていて、きれいな模様となって現れます。この模様はまるで菊の葉っぱのような形をしているので、アンモナイトのことを菊石とか菊面石とも呼んでいます。

縫合線は種類によって違うので、これによって種類を判別することもあります。

コントラストが強いものは、とても美しいので、無理に殻を剥がすこともあります。

ダメシテスの空洞標本。隔壁がうねっているのがよくわかります。

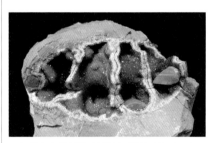
気室の中が方解石の結晶で満たされています。

ポリプチコセラスの空洞標本。隔壁が殻に張り付いているのがわかります。

テキサナイテスの空洞標本。

バキュリテスの隔壁と気室の様子。

18

アンモナイトの生き残り?……トグロコウイカ

これってアンモナイト? アンモナイトの生き残り?というような生き物がいます。

僕の友人が新婚旅行でオーストラリアに行ったとき、海岸で拾ってきたものだというのです。大きさはせいぜい径が2cm程度。ぐるぐると渦を巻き、ちゃんと気室もあります。見た目はまさにアンモナイトです。自由巻きのスカラリテスやネオクリオセラスにそっくりです。

これは"トグロコウイカ"といって、イカの一種です。体の中にこの殻が入っています。体長はせいぜい数cm、やや深い海に生息する種類です。

トグロコウイカが死ぬと軟体部が腐敗し、この殻だけが浮き上がって海岸に漂着するようです。

見た目はそっくりですが、よく観察してみるとその構造はかなり違いました。

まず、隔壁はうねらず単純に湾曲しています。この点はオウムガイと同じです。

次に連室細管の位置ですが、殻の内周側に位置します。オウムガイは真ん中に位置し、生きているときはとなりの部屋とつながっていますが、死後は腐って途切れるようです。

アンモナイトは外周側に位置して殻に付着し、一本の管になっています。

トグロコウイカは気室の長さ分だけしかなく、それが連結して長い管のように見えるのです。

外見上はそっくりなのですが、こうみるとかなり違うことがわかります。

以上のようにアンモナイトとは似た点も多いので、アンモナイトはイカに近い仲間ではないかと考えられています。

トグロコウイカの外形です。

連室細管の位置とその形です。

オウムガイの隔壁と連室細管です。

各部屋の連室細管が連結しています。

これってアンモナイト？　似てるけど

こちらは本物の
アンモナイトの化石

見た目は似ていますが、
アンモナイトではありません

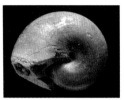

フィロパキセラス

こちらは現生のオウムガイで、アンモナイトの親戚です。

スカラリテス

こちらは現生のトグロコウイカで、イカの一種です。アンモナイトとは近い親戚です。

メナイテス

こちらは近所のスーパーで買ったタコの足です。ちょっと似てるでしょ。
タコもアンモナイトと同じ"頭足類"です。

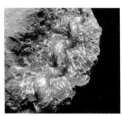

ハイファントセラス

こちらはミミズガイの化石で、巻貝の仲間です。
かなり遠い親戚ですが、ちょっと似てますね。

こちらはツノガイの化石です。こちらもかなり遠い親戚ですが、似てますね。

バキュリテス

アンモナイトの外形と断面

アンモナイトの内部構造を見るため、切断して磨いてみました。アンモナイトの殻は比較的薄いので、全集中で作業する必要があります。

ここでは19種類の断面を掲載しましたが、試料の質と数に限りがあるため、お粗末なものもあります。ご容赦ください。

それでもこんな標本はなかなか見られないものです。なかには、贅沢なことをしたものだと思われる方もおられるでしょう。

慎重に切断します。

贅沢に切断します。　切断した後、きれいに磨きます。

[1] フィロパキセラス

ヘソが極端に狭く、ないと言ってもいいくらいです。形状はオウムガイに似ています。
殻表には細かい肋がありますが、大きくなるとさらに太い肋が現れます。

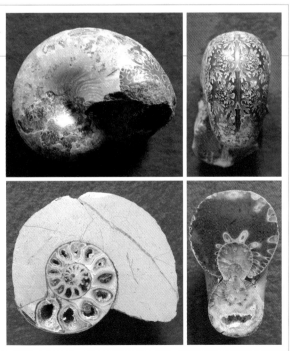

[2] ネオフィロセラス

ヘソが狭く、スリムな形状
をしています。殻表には無
数の細い肋があります。
非常に美しいアンモナイト
です。

[3] ゴードリセラス

ややゆる巻きでヘソは広め
です。種類にもよります
が、細い肋と太い肋が現れ
ます。
他のアンモナイトに比べて
分離が良く、産出数も多い
のでごく普通に目にする種
類です。

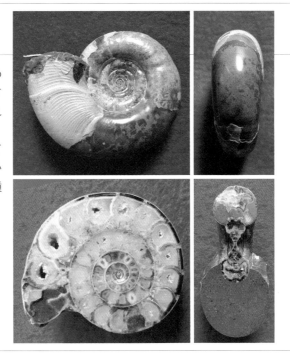

[4] テトラゴニテス

殻表はなめらかで、肋はほぼありません。

螺管（らかん）の断面は少し角張っていて（テトラ＝四角）、ヘソが深く、クリーニングが難しい種類です。

大きさはせいぜい 10cm程度で、産出数は多い方です。

[5] ダメシテス

もっとも産出数の多い種類だと思います。ヘソは狭く、両サイドの殻はほぼ並行で、成長しても厚みはあまり変わりません。

腹側（外周）に竜骨（キール）を持ち、殻の先端にはクチバシ（ロストラム）が形成されますが、採集時に飛ばしてしまうことが多いです。

細い肋を持つ種類もあり、S字状にカーブします。

[6] ハウエリセラス

非常に薄っぺらい種類です。ややゆる巻きでヘソは広いです。

大きさはせいぜい15cm止まりです。

逆川や中二股川で普通に見られる種類ですが、薄いが故になかなか完全な個体には出会えません。

薄いので気室の数が多くなっています。

羽幌の三点セット（130頁参照）の一つになっています。

[7] ネオプゾシア

ややゆる巻きでヘソは広めです。

多数の肋が刻まれ、周期的にくびれと太い肋が現れます。

比較的薄っぺらい種類です。

産出は多いのですが、なかなかきれいな個体には出会いません。

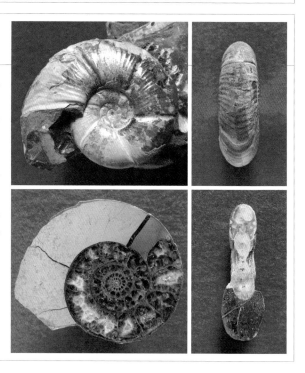

[8] メナイテス

やや分厚く、太くて長い棘をたくさん持つ種類です。
ヘソはやや狭く、ヘソの周りに棘があります。
この試料は幼体のようで、大きくなると10cmほどになります。
頑丈そうなので気室の数は少ないようです。
羽幌の三点セットの一つです。

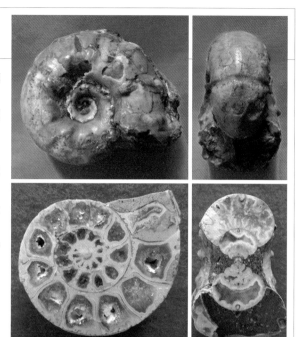

[9] メタプラセンチセラス

虹色に輝くアンモナイトとして有名な種類です。
非常に薄っぺらく、外周は角張っているのが特徴です。
断面を見るのも大変ですが、こうやって見てみると、部屋の数が多いのに気づくでしょう。
隔壁を増やして、薄っぺらいゆえの圧力に対する弱さを克服しているように思います。

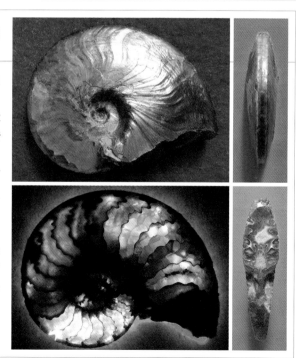

[10] テキサナイテス

竜骨を持ち、たくさんの棘と突起に囲まれたかっこいいアンモナイトです。
羽幌の三点セットの一つになっています。
羽幌町の逆川や苫前町の上の沢で多く採集できます。

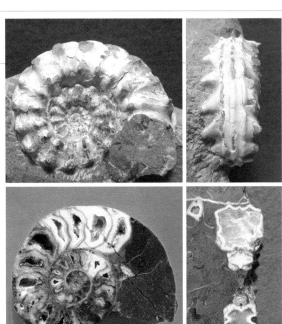

[11] ローマニセラス

11列の突起があります。
ユーバリセラスに似ていますが、こちらの方が突起が多く、とげとげしている感じです。

[12] ハイファントセラス

「ドリルガイ」の異名を持つシンプルな自由巻きアンモナイトです。

多数の細い肋と4列の小さな棘があります。

長いものでは10巻き、10cmを超えるものがあります。

羽幌町の逆川や苫前町の古丹別川に多く、サントニアンを代表する自由巻きアンモナイトの一つです。

[13] ユーボストリコセラス

[12] ハイファントセラスよりもゆるく螺旋状に巻く、自由巻きアンモナイトです。

密に巻くものやゆるく巻くもの、塔状に巻くものなどがあります。

チューロニアンの代表的な自由巻きアンモナイトです。

［14］ ネオクリオセラス

形状は［15］スカラリテスに似ていますが、細い肋と4列の棘を持ち、産出時代はサントニアンです。
羽幌や中川地域でときおり見られる種類です。
通常は径2〜3㎝で、大きくても5㎝くらいの大きさです。
切断した試料は住房だったようです。

［15］ スカラリテス

平面状にぐるぐるとゆるく巻く、自由巻きアンモナイトです。
［13］ユーボストリコセラスの巻きはじめとよく似ているので、部分化石では判断が難しくなります。
また、ニッポニテスの初期状態とも似ています。

[16] ポリプチコセラス

サントニアンを代表する、クリップ状に巻く自由巻きアンモナイトです。

古丹別西部で多産し、多くの場合、密集して産出します。3巻きが普通で、ときおり4巻きも見られます。

長径7cm程度ですが、大きな種類では、30cmほどにもなります。

切断は不可能なので、削って作りました。もうこの標本の外形は写真でしか見られません。

[17] バキュリテス

棒状の自由巻きアンモナイトです。

棒状なのでツノガイと間違われやすいのですが、よく見れば判断はたやすいでしょう。

10〜15cm程度の大きさで、やや反っています。

住房近くで両側に突起が現れます。

密集することが多く、[16]ポリプチコセラスと共産しやすいです。古丹別地域で多産します。

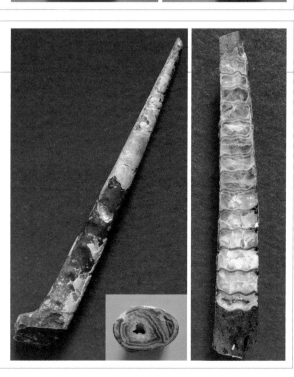

[18] スカフィテス

渦巻きから自由巻きへと変化する変わった種類です。
9の字のような形をしています。
殻口部が唇のように反り返っています。
比較的小さな自由巻きアンモナイトで、大きなものでも5cm程度しかありません。

[19] エゾイテス

[18] スカフィテスとは♀と♂の関係かも知れません。
スカフィテスよりも小さく、ラペットを持っています。
軟体動物の世界では雌より雄の方が小さいことが多いようですので、エゾイテスの方が♂でしょうか。
ラペットを使ってしっかりと♀を捕まえるのかも知れませんね。

ノジュール

　アンモナイトは多くの場合、ノジュールという硬い石の中に入っています。兵庫県の淡路島や和歌山県のアンモナイトも同様のことが多いです。しかし、東北地方や北陸・中部・中国・九州地方のアンモナイトはノジュールを作らず、頁岩(けつがん)の中でペシャンコになった状態で産出します。

　ノジュールは石灰質泥岩という石でできていて、ものにもよりますが、けっこう硬いです。中の化石は、その堅い石のおかげで水の浸透から守られ、風化しにくいです。そのため、保存状態がとても良いのです。

　さらに、泥岩に含まれる鉱物の成分により、気室の中が方解石の結晶で満たされていたり、殻が金属のように輝いていたりするのです。

　こんな化石に出くわしたなら、きっと誰でも "ウォーッ" という声を上げるに違いありません。

　このような輝きを持つ化石は、特に道北地方に多く、中川町や遠別町、羽幌町、苫前町、小平町で多く見られます。僕がせっせと道北地方に通うのもわかってもらえると思います。

　なかでも、遠別町のウッツ川あるいは羽幌町のアイヌ沢や逆川で産出するアンモナイトの美しさといったら、それはもう言葉にできないものがあります。化石のことを詳しく知らない人でも、きっと虜になることでしょう。

ノジュールに1個だけアンモナイトが入っていることもあります。

小さな沢を登り詰めると、斜面からこぼれ落ちたノジュールに出会うことが多いです。

地層の中にいくつもノジュールが入っています。

河原に転がっていた大きなノジュール。タガネを
入れると真っ二つに割れました。

たくさん集まっ
たノジュール。

ケガをしたアンモナイト

　まず下の写真を見てください。何か変ですね。

　そう、殻の表面の模様が途中で変わっているのに気づくでしょう。

　ノジュールを割っていると、その中からはアンモナイトだけではなく、いろいろな化石がいっしょにたくさん出てきます。二枚貝や巻貝、さらには植物化石も出てきます。

　そんななかでひときわ目立つ化石があります。それは魚の歯です。

　特に、サメの歯は大きくてとがっているので、よく目立ちます。何といってもエナメル質でできていますので、8,000万年経とうと昔と変わりません。ぴかっと光ってとてもきれいです。

　白亜紀の世界でも、大きなサメが泳いでいたのは紛れもない事実ですから、その餌食になる生き物もたくさんいたでしょう。そのなかにアンモナイトもいたのです。特に底棲性でない浮遊性の生き物なので、サメにはねらわれやすいでしょう。写真のアンモナイトは、がぶりとやられても、かろうじて逃げ延びたに違いありません。そしてこの模様の変化は、傷ついた殻を自分で修復した跡なのです。まあ、食べられなかっただけでも良かったですね。

　このように、化石をじっくりと観察すると面白いことに気づくのです。

渦巻きアンモナイトと自由巻きアンモナイト

多くの場合、アンモナイトは、ぐるぐると丸く巻くものと、クリップのように巻くものや、まったく訳のわからない自由奔放な巻き方をするものの二つに区分されます。

前者のように丸く巻くものは正常巻きのアンモナイト、後者のように少し違った巻き方をするものは異常巻きアンモナイトと呼ばれています。

でも、僕はこれらの呼び方に少し違和感を覚えるのです。正常巻きは正しくて異常巻きは悪い巻き方、そんなイメージを与えるのではないでしょうか。なんだか差別的な感じがしてしまうのです。

そんな呼び方をされるアンモナイトもいい迷惑でしょうね。

僕がアンモナイトの気持ちになって代弁しましょう。

「正常巻きとか異常巻きとか、そんな呼び方をされるのはいい迷惑です。それに僕は異常でも何でもないです。これが普通なんですから。自由に巻かせてください」

これからは、正常巻きアンモナイトという呼び方を「渦巻きアンモナイト」に、そして異常巻きアンモナイトという呼び方を「自由巻きアンモナイト」に変えてはどうでしょう。

正常巻きについては「垂直螺旋巻き」というのも考えましたが、長くなるので単に「渦巻き」がいいと思います。

生き物の多様性を尊重し、名前の付け方も考え直さないといけない時代です。

そこで、この本ではこのような呼び方で解説することにしました。

自由巻きアンモナイトの代表格がニッポニテスという種類です。化石愛好家のあこがれの的となっているアンモナイトですが、なかなか採れないし、僕は他にも好きな種類がたくさんあるのであまり「ニポ、ニポ」とは言いたくありません。

僕の一番好きな自由巻きアンモナイトはポリプチコセラスといって、クリップ状に巻くものです。たくさん産出する種類ですが、完全なものと言うとなかなか産出しません。大きさは数cmから30cm程度です。

最初、2cmくらいはまっすぐに伸びて最初のターンを迎えます。

次に数cmほど伸びてまた180度のターンをします。今度は7〜8cmほど伸びてまた180度ターンです。通常はここから3cmほどの状態で成長を止め、これを完全体としています。なかには4回のターンを繰り返すものがありますがめったに見つかりません。

苫前町の古丹別川では特にこのポリプチコセラスが多く産出し、毎年何十個という個体を採集しています。ほとんどは途中で壊れているのですが、完全体が出てくるとうれしくてたまりません。逆に完全体と予想してクリーニングしていて、途中で壊れていることに気がつくと、がっかりして落ち込んでしまいます。

渦巻きアンモナイトのなかで好きなのは、フィロパキセラスという種類です。とにかく密に巻くのでヘソが狭く、形はオウムガイにそっくりです。最初はほぼ

つるっとした表面をしていますが、次第に細いスジ（肋）が現れ、5㎝くらいに成長すると太い肋が現れるのが特徴です。

　大きさはせいぜい数㎝の小型の種類ですが、とにかくオウムガイに似たその格好が好きです。

　渦巻きも自由巻きも、みんなおしゃれです。殻の表面を装飾しようとみんな必死です。突起を持ったもの、それに負けじと突起よりも長い棘を持ったものなど、装飾も多彩です。

　さらには殻表に肋がなくてつるっとしているもの、肋が太いもの、肋と突起が組み合わされたものなど、本当に多彩です。僕たちはそういったことを区別して種類分けしているのです。

化石の名前について

恐竜の名前に何とかドンとか、何とかサウルスなどがありますが、「ドン」ってどういう意味？　「サウルス」って何？と思ったことはありませんか。

生物の名前にはラテン語が使われます。ドン（-don）は歯、サウルス（-saurus）はトカゲの意味があります。

アンモナイトによくつけられる名前も少し見ていきましょう。

僕の大好きなアンモナイトのフィロパキセラスは、Phyllopachycerasと書きますが

　Phyllo ……葉状
　pachy ……厚い
　ceras ……角<ruby>角<rt>つの</rt></ruby>

という意味です。「葉状」というのは縫合線に特徴があり、葉っぱのように見えるのでそうつけたものでしょう。次の「厚い」は、ヘソが狭く急激に大きくなるため、直径に対してかなり分厚くなっているからです。そして巻いた「角」のようだということです。

角というのがぴんとこないかも知れませんが、もともとアンモナイトという名前は、Ammonという羊の形をした神様からきているのです。ある種の羊は角がぐるぐると巻いていて、ゆる巻きのアンモナイトによく似ているのです。

ポリプチコセラスは、Polyptychocerasと書きますが、

　Poly ……多数の
　ptycho ……折りたたまれた
　ceras ……角

という意味です。

まとめると、何回も折りたたんだような角となり、形をよく表しています。

もう一つ、バキュリテスは、Baculitesと書きます。

　Bacul ……棒状
　ites ……石

これは簡単ですね。棒状をした石ですからそのままです。

こうやって名前の意味を知っていると、化石の特徴が理解できて親しみを持てますね。

ではよく使われる言葉を並べてみましょう。アンモナイトの名前と形状の特徴を考えてみてください。うん、なるほどと思うに違いありません。

- [ ] ネオ neo ……新しい
- [ ] ヘテロ hetero ……異なる
- [ ] アナ ana ……新しく
- [ ] シュード pseudo ……偽の
- [ ] サブ sub ……亜
- [ ] アカント acanto ……棘のある
- [ ] ディスカス discus ……円盤状
- [ ] パラ para ……準ずる
- [ ] プロ pro ……前
- [ ] ハイボ hypo ……少
- [ ] ジ di ……双
- [ ] メタ meta ……変形
- [ ] トリ tri ……3あるいは3倍の
- [ ] テトラ tetra ……4
- [ ] ペンタ penta ……5
- [ ] ヘキサ hexa ……6
- [ ] オクト octo ……8
- [ ] ～ドン odont ……歯
- [ ] サウルス saurus ……トカゲ

美しいアンモナイト -1

虹色のネオプゾシア
長径 6.5cm
羽幌町逆川
サントニアン

虹色のバキュリテス
長さ 6cm
羽幌町逆川
サントニアン

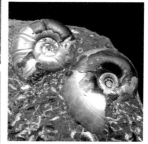

金属色のダメシテス
長径 1.5cm
遠別町ルベシ沢
カンパニアン

**金属色のネオプゾシアと
テトラゴニテス**
長径 2.5cm
羽幌町逆川
サントニアン

虹色のネオフィロセラス
長径 2.2cm　羽幌町逆川　サントニアン

金属色のメタプラセンチセラス
長径 6.5cm　遠別町ルベシ沢　カンパニアン

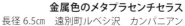

美しいアンモナイト -2

虹色のダメシテス
長径 6.5cm
中川町炭の沢
サントニアン

虹色のダメシテス
長径 3.5cm
羽幌町逆川
サントニアン

ガラスのように透き通ったアンモナイト

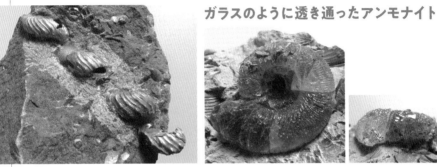

虹色のハイファントセラス
長さ 7cm
羽幌町逆川　サントニアン

ゴードリセラス
長径 2.5cm
小平町小平蘂川　サントニアン

メノウになったアンモナイトとツノガイ

メナイテス
長径 10.5cm
遠別町ウッツ川
カンパニアン

メナイテス
長径 5.5cm
遠別町ウッツ川
カンパニアン

ツノガイ
長さ 6.5cm
遠別町ウッツ川
カンパニアン

ノジュール

ノジュール
長径 12cm
羽幌町中二股川
サントニアン

**ノジュール中の
ネオプゾシア**
長径 11cm
羽幌町三毛別川
サントニアン

フィロセラス科

**フィロパキセラス
エゾエンセ**
長径 7.1㎝
羽幌町アイヌ沢
サントニアン

**フィロパキセラス
エゾエンセ**
長径 5.1㎝
羽幌町羽幌川
サントニアン

ネオフィロセラス
長径 6.8㎝
羽幌町逆川
サントニアン

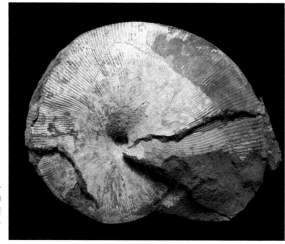

ネオフィロセラス
長径 16.8㎝
羽幌町中二股川
サントニアン

ゴードリセラス科 -1

アナゴードリセラス
長径 12.5cm
小平町上記念別川
チューロニアン

アナゴードリセラス
長径 15.5cm
小平町天狗橋上流
コニアシアン

ゴードリセラス科 -2

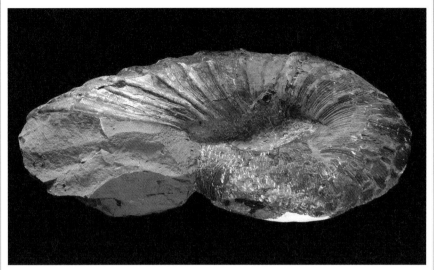

アナゴードリセラス
長径 19cm　小平町中記念別川　チューロニアン

ゴードリセラス インターメディウム
長径 34cm　苫前町古丹別川　サントニアン

ゴードリセラス科 -3

**ゴードリセラス
インターメディウム**
長径 25.5㎝
中川町化石沢
サントニアン

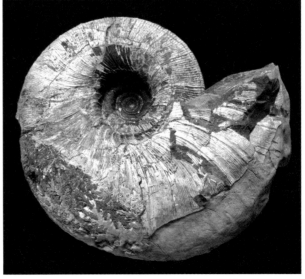

**ゴードリセラス
インターメディウム**
長径 23㎝
中川町学校の沢
サントニアン

ゴードリセラス インターメディウム
長径 23cm
浦河町井寒台　カンパニアン

ゴードリセラス ハマナカエンセ
長径 9.3cm
浜中町奔幌戸　マストリヒチアン

ゴードリセラス ハマナカエンセ
長径 9.9cm
浜中町奔幌戸　マストリヒチアン

ゴードリセラス科 -5

**ゴードリセラス
デンセプリカータム**
長径 8.5㎝
小平町霧平トンネル
サントニアン

**ゴードリセラス
テヌイラータム**
長径 11㎝
遠別町ウッツ川
カンパニアン

**ゴードリセラス
テヌイラータム**
長径 9㎝
羽幌町逆川第三大露頭
サントニアン

ゼランディテス カワノイ
長径 3.8㎝
中川町ワッカウェンベツ川
サントニアン

テトラゴニテス科

**テトラゴニテス
グラブルス**
長径 11.5cm
小平町三の沢
チューロニアン

テトラゴニテス ポペテンシス
長径 10.8cm　羽幌町アイヌ沢　サントニアン

コスマチセラス科

ヨコヤマオセラス
長径 2.4㎝
小平町小平蘂川
サントニアン

デスモセラス科 -1

ネオプゾシア
長径 6.5㎝
羽幌町逆川
サントニアン

デスモセラス科 -2

メソプゾシア
長径 11.2cm
苫前町幌立沢
チューロニアン

ネオプゾシア
長径 12.5cm
羽幌町逆川
サントニアン

ダメシテス スガタ
長径 7.1cm
中川町ワッカウェンベツ川
サントニアン

ダメシテス ダメシ
長径 11cm　稚内市東浦　サントニアン

デスモセラス科 -3

**ハウエリセラス
アングスタム**
長径 17cm
中川町ワッカウェンベツ川
サントニアン

ハウエリセラス アングスタム
長径 12cm　羽幌町逆川　サントニアン

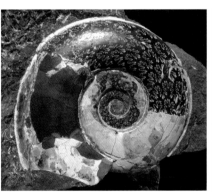

**ハウエリセラス
アングスタム**
長径 8cm
羽幌町アイヌ沢
サントニアン

**ハウエリセラス
アングスタム**
長径 15.3cm
羽幌町羽幌川
リントニアン

パキディスカス科 -1

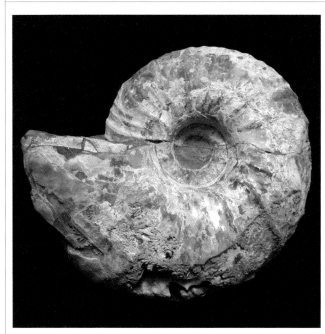

アナパキディスカス
長径 35cm
中川町化石沢
サントニアン

アナパキディスカス
長径 45cm
苫前町上の沢
サントニアン

パキディスカス科 -2

ユーパキディスカス ハラダイ
長径 6cm
中川町佐久
サントニアン

ユーパキディスカス ハラダイ
長径 8.2cm
苫前町古丹別川
サントニアン

ユーパキディスカス
長径 38cm
稚内市東浦
サントニアン

ユーパキディスカス
　長径 40cm
　苫前町上の沢
　サントニアン

ユーパキディスカス
　長径 45cm
　苫前町古丹別川
　サントニアン

パキディスカス科 -4

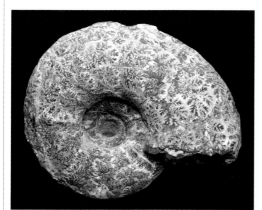

ユーパキディスカス
長径 35cm
羽幌町逆川
サントニアン

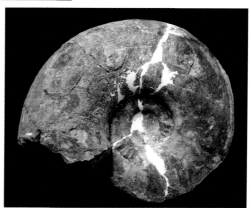

ユーパキディスカス
長径 35cm
苫前町上の沢
サントニアン

ユーパキディスカス
長径 43cm
苫前町オンコ沢
サントニアン

メナイテス ジャポニクス
長径 8.5㎝
小平町トンネル
サントニアン

メナイテス ジャポニクス
長径 7.8㎝
羽幌町逆川
サントニアン

メナイテス ジャポニクス
長径 8.3㎝
羽幌町中二股川
サントニアン

パキディスカス科 -6

メナイテス サナダイ
長径 12.5cm
遠別町ルベシ沢
カンパニアン

メナイテス サナダイ
長径 9.4cm
遠別町ウッツ川
カンパニアン

プラセンチセラス科

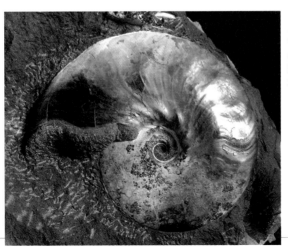

**メタプラセンチセラス
サブチリストリアータム**
長径 7.5cm
遠別町ウッツ川
カンパニアン

コリグノニセラス科 -1

テキサナイテス
長径 9.6㎝
羽幌町中二股川
サントニアン

テキサナイテス
カワサキイ
長径 9.2㎝
苫前町上の沢
サントニアン

コリグノニセラス科 -2

カラーバンド（色の模様）が残ったテキサナイテス
長径 4.4cm
羽幌町羽幌川
サントニアン

テキサナイテス
長径 4.7cm
羽幌町逆川
サントニアン

テキサナイテス
長径 10cm　苫前町上の沢　サントニアン

テキサナイテス
長径 3.2cm　羽幌町逆川　サントニアン

コリグノニセラス科 -3

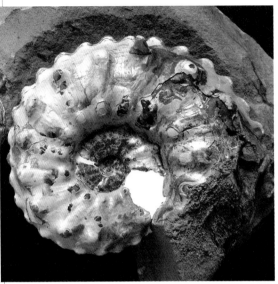

メナビテス マゼノティ
長径 6.2cm
羽幌町アイヌ沢
サントニアン

コリグノニセラス ブラベジアヌム
長径 2.9cm
小平町上中記念別川
チューロニアン

コリグノニセラス ブラベジアヌム
長径 1.8cm　芦別市幌子芦別川
チューロニアン

コリグノニセラス ブラベジアヌム
長径 2.8cm　小平町上中記念別川
チューロニアン

コリグノニセラス科 -4

フォレステリア エゾエンシス
長径 3.5㎝　小平町天狗橋上流　コニアシアン

リーサイダイテス
長径 1.7㎝
小平町上中記念別川
チューロニアン

ハボロセラス
ハボロエンセ
　長径 1.2㎝
　苫前町幌立沢
　サントニアン

ハボロセラス
ハボロエンセ
長径 1.4㎝
苫前町上の沢
サントニアン

アカントセラス科 -1

アカントセラスの一種
長径 26cm　苫前町幌立沢　チューロニアン

マンテリセラス
長径 9.8cm
三笠市桂沢
セノマニアン

アカントセラス科 -2

**ユウバリセラス
ジャポニカム**
長径 6.8㎝
小平町中記念別川
チューロニアン

**ユウバリセラス
ジャポニカム**
長径 11.5㎝
小平町上記念別川
チューロニアン

アカントセラス科 -3

ローマニセラス
長径 3cm　苫前町幌立沢　チューロニアン

ローマニセラス
長径 8.2cm　小平町三の沢　チューロニアン

顎器

顎器
長径 約4cm
苫前町幌立沢
サントニアン

不明種

不明種
長径 8cm
苫前町古丹別川
サントニアン

ノストセラス科 -1

ニッポニテス ミラビリス
長径 6.5cm
小平町上記念別川
チューロニアン

ニッポニテス ミラビリス
長径 4.4cm
小平町中記念別川
チューロニアン

ニッポニテスの一種
長径 4.2cm
小平町三の沢
チューロニアン

ノストセラス科 -2

ムラモトセラス
長径 2.3cm
小平町小平蘂川
チューロニアン

ユーボストリコセラス
左巻き（左）と
右巻き（右）
左：高さ 7.8cm
右：高さ 7.5cm
苫前町幌立沢
小平町三の沢
チューロニアン

ユーボストリコセラス
長径 7cm
芦別市幌子芦別川
チューロニアン

ユーボストリコセラス
長径 5.7cm　小平町中記念別川
チューロニアン

ノストセラス科 -3

ユーボストリコセラス群集
母岩の左右 17㎝
小平町三の沢
チューロニアン

ユーボストリコセラス ムラモトイ
長径 2.1㎝
小平町上記念別川
チューロニアン

ユーボストリコセラス
長径 4.4㎝　苫前町幌立沢　チューロニアン

ユーボストリコセラス ウーザイ
長径 1.5㎝　苫前町幌立沢　チューロニアン

ノストセラス科 -4

北海道のアンモナイト

ノストセラス科

ユーボストリコセラス
左：長さ 11.2cm　羽幌町羽幌
川
右：長さ 8.9cm　中川町ワッカ
ウェンベツ川
サントニアン

マリエラに近い種類
長径 2.2cm　苫前町幌立沢　サントニアン？

**ユーボストリコセ
ラス**
長径 3.7cm
小平町アカの沢
サントニアン

**ユーボストリコセ
ラス**
長径 2.4cm
小平町アカの沢
サントニアン

ユーボストリコセラス
長径 6.8cm　小平町アカの沢
サントニアン

ノストセラス科 -5

エゾセラス エレガンス？
高さ 7.9cm
小平町天狗橋上流
コニアシアン

エゾセラス ノドサム
高さ 10.2cm　小平町天狗橋上流
コニアシアン

ハイファントセラス オリエンターレ
長さ 10.5cm　苫前町古丹別川　サントニアン

ハイファントセラス オリエンターレ
長さ 12cm　苫前町古丹別川　サントニアン

**ハイファントセラス
オリエンターレ**
長さ 10cm
苫前町上の沢
サントニアン

マダガスカリテス リュウ
長径 2.2cm　小平町三の沢　チューロニアン

マダガスカリテス リュウ
長径 4.8cm　小平町三の沢　チューロニアン

**マダガスカリテス（左）と
ユーボストリコセラス（右）**
左：長径 2.3cm、右：長径 2.7cm
苫前町幌立沢　チューロニアン

ディプロモセラス科 -1

ポリプチコセラス
長径 11.2cm
羽幌町羽幌川
サントニアン

ポリプチコセラス
長径 14.5cm
羽幌町築別炭鉱
サントニアン

ディプロモセラス科 -2

ポリプチコセラス
シュードゴーリティヌム
長径 8.7㎝
苫前町古丹別川
サントニアン

ポリプチコセラス
シュードゴーリティヌム
長径 6.4㎝　羽幌町羽幌川
サントニアン

ポリプチコセラス
シュードゴーリティヌム
長径 9.1㎝　苫前町古丹別川
サントニアン

ディプロモセラス科 -3

サブプチコセラス ユーバレンセ
長径 10㎝
羽幌町中二股川
サントニアン

サブプチコセラス ユーバレンセ
長径 12.3㎝　羽幌町中二股川　サントニアン

**サブプチコセラス
ユーバレンセ**
長径 10.5㎝
羽幌町中二股川
サントニアン

ディプロモセラス科 -4

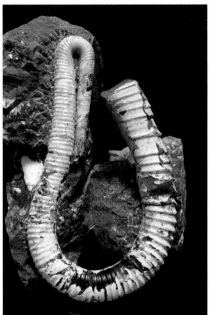

ヘテロプチコセラス オバタイ
長径 7.1cm　羽幌町逆川　サントニアン

ヘテロプチコセラス オバタイ
長径 7.1cm　羽幌町逆川　サントニアン

**ヘテロプチコセラス
オバタイ**
長径 6.7cm
小平町アカの沢
サントニアン

ディプロモセラス科 -5

ネオクリオセラス スピニゲルム
長径 2.8cm　羽幌町逆川　サントニアン

ネオクリオセラス スピニゲルム
長径 2cm
中川町ワッカウェンベツ川
サントニアン

スカラリテス スカラリス
長径 4cm　小平町小平蘂川　チューロニアン

ネオクリオセラス
長径 1.2cm　羽幌町アイヌ沢
サントニアン

スカラリテス ミホエンシス
長径 11.5cm
小平町天狗橋上流
コニアシアン

スカラリテス ミホエンシス
長径 5.4cm
中川町ワッカウェンベツ川
コニアシアン

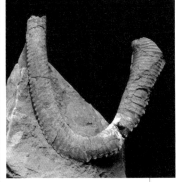

シュードオキシベロセラス
コードリノドーサム
長径 7cm
苫前町古丹別川
サントニアン

シュードオキシベロセラス コードリノドーサム
長径 7.5cm　羽幌町デト二股川　サントニアン

バキュリテス科

バキュリテス タナカエ
長さ 17.7cm　羽幌町逆川
サントニアン

バキュリテス タナカエ
長さ 13.5cm　羽幌町羽幌川
サントニアン

バキュリテス タナカエ
長さ 11.5cm　苫前町オンコ沢
サントニアン

スカフィテス科

スカフィテス
長径 5.6cm　小平町一二三の沢
チューロニアン

スカフィテス
長径 2.7cm　夕張市白金沢
チューロニアン

エゾイテス
長径 1.6cm
小平町三の沢
チューロニアン

ツリリテス科

エゾイテス
長径 1.6cm
小平町三の沢
チューロニアン

ツリリテス
高さ 11.5cm　中川町佐久
セノマニアン

頭足類（オウムガイ、鞘形類）

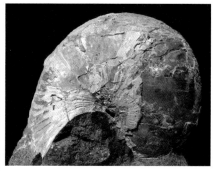

キマトセラス（オウムガイ）
長径 13cm　苫前町古丹別川
サントニアン

ユートレフォセラス（オウムガイ）
長径 22cm　小平町三の沢　チューロニアン

キマトセラス（オウムガイ）
長径 9cm　羽幌町逆川　サントニアン

ナエフィア（鞘形類）
長さ 4.9cm　羽幌町中二股川　サントニアン

ナエフィア（鞘形類）
長さ 6.2cm　羽幌町中二股川　サントニアン

腹足類 （巻貝）

ティビア ジャポニカ
高さ 6.7cm
苫前町幌立沢
サントニアン

カプルス
長径 4.2cm
苫前町古丹別川
サントニアン

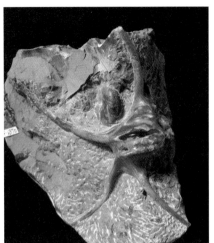

アポライス（モミジソデガイ）
9.2 × 9.8cm　苫前町古丹別川　サントニアン

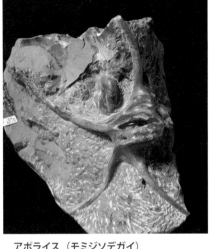

カプルス トランスフォルミス
長径 5.2cm　中川町咲花トンネル
サントニアン

巻貝の一種
長径 1.9cm
遠別町ルベシ沢
カンパニアン

78

斧足類（二枚貝）-1

イノセラムス
高さ 36cm　小平町上記念別川
チューロニアン

イノセラムス
高さ11cm　中川町ワッカウェンベツ川
サントニアン

**イノセラムス
ナウマンニー**
高さ 3.7cm
苫前町古丹別
川
サントニアン

フナクイムシ
長さ 1.1cm　小平町一二三の沢
チューロニアン

キララガイ
長さ 2.2cm　羽幌町デト二股川
サントニアン

斧足類（二枚貝）-2

ナノナビス
長さ 5.8cm
小平町小平蘂川
サントニアン

プテロトリゴニア
長さ 5.7cm　三笠市桂沢
セノマニアン

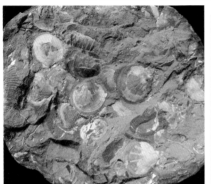

ワタゾコツキヒ
長さ 2.1cm　稚内市東浦
サントニアン

掘足類（ツノガイ）

ツノガイ
長さ 9.5cm
小平町小平蘂川
サントニアン

腕足動物

リンコネラ
高さ 2.7cm　浜中町奔幌戸
マストリヒチアン

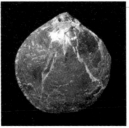

腕足動物
高さ 2.9cm　小平町三の沢
チューロニアン

腕足動物
高さ 1.3cm　猿払村上猿払
カンパニアン

ウニ類

ウニ
長径 4.7cm　浦河町井寒台
カンパニアン

ウニ
長径 4.2cm　稚内市東浦
サントニアン

ウニ
長径 5.2cm　浦河町井寒台
カンパニアン

キダリス（ウニの棘）
長さ 3.8cm　猿払村上猿払
カンパニアン

キダリス（ウニの棘）
長さ 5.1cm　猿払村上猿払
カンパニアン

**キダリス
（ウニの棘）**
長さ 4.7cm
猿払村上猿払
カンパニアン

ウミユリ類

ウミユリ
長径 1cm　小平町三の沢
チューロニアン

サンゴ類

単体サンゴ
高さ 1.3cm　苫前町幌立沢　チューロニアン

単体サンゴ
長径 0.9cm　苫前町幌立沢　チューロニアン

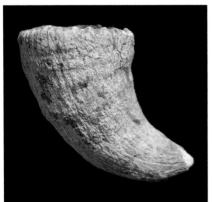

単体サンゴ
高さ 1.9cm　羽幌町待宵沢　コニアシアン

単体サンゴ
高さ 1.2cm　苫前町幌立沢　チューロニアン

甲殻類 -1

リヌパルス（ハコエビ）
体長 17cm
羽幌町三毛別川
サントニアン

リヌパルス（ハコエビ）
体長 12cm　羽幌町三毛別川　サントニアン

リヌパルス（ハコエビ）
体長 9cm　羽幌町三毛別川　サントニアン

甲殻類 -2

エビ類のハサミ
長さ 2.0cm　羽幌町三毛別川
サントニアン

エビ類　長さ 7.2cm　羽幌町三毛別川　サントニアン

カニ類の一種
長さ 1cm
苫前町古丹別川
サントニアン

コシオリエビの一種
長さ 0.8cm
小平町小平蘂川
サントニアン

カニ類の一種
長さ 0.3cm
苫前町幌立沢
サントニアン

コシオリエビの一種
長さ 1.2cm　苫前町古丹別川
サントニアン

ノトポコリステス（アサヒガニ）
長さ 2.9cm　小平町一二三の沢
サントニアン

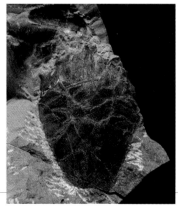

**ノトポコリステス
（アサヒガニ）**
長さ 1.4cm
苫前町古丹別川
サントニアン

**ノトポコリステス
（アサヒガニ）**
長さ 0.9cm
羽幌町中二股川
サントニアン

昆虫類

昆虫の羽
長さ 0.9cm　苫前町オンコ沢　サントニアン

昆虫の羽
長さ 0.3cm　苫前町上の沢　サントニアン

爬虫類

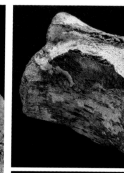

カメの腹甲
5.8 × 6.5cm　羽幌町羽幌川　サントニアン

クビナガリュウの脊椎
長さ 6.3cm　長径 6.4cm
苫前町古丹別川
サントニアン

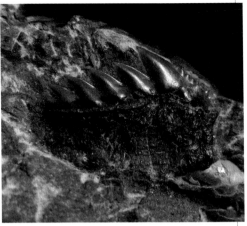

ノチダノドン
長さ 2.1cm　苫前町幌立沢
チューロニアン

ヘキサンカス
長さ 1.4cm　羽幌町逆川
サントニアン

スフェノダス
高さ 3.1cm
羽幌町中二股川
サントニアン

スフェノダス
高さ 3.2cm　羽幌町羽幌川　サントニアン

シネコダス
高さ 0.7cm
羽幌町羽幌川
サントニアン

シネコダス
高さ 0.4cm
苫前町古丹
別川
サントニアン

軟骨魚類 -2

クレトラムナ
高さ 2cm　苫前町オンコ沢　サントニアン

サメの脊椎
径 3.6cm
中川町ワッカ
ウェンベツ川
サントニアン

クレトラムナ
高さ 2.6cm
羽幌町羽幌川
サントニアン

スクワリコ
ラックス
長さ 1.5cm
苫前町オンコ沢
サントニアン

硬骨魚類

魚の脊椎
長さ 0.6cm　猿払村上猿払
カンパニアン

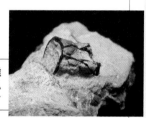

魚のウロコ
左右 2.5cm　苫前町古丹別川
サントニアン

光鱗魚のウロコ
左右 0.6cm　羽幌町羽幌川
サントニアン

魚の歯
長さ 0.6cm
遠別町ウッツ川
カンパニアン

植物化石 -1

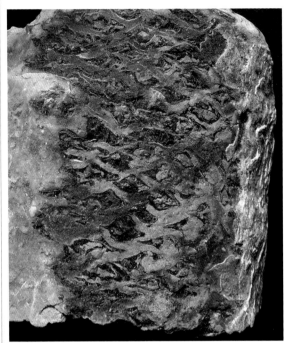

ソテツの樹幹
15 × 19cm
稚内市東浦
サントニアン

毬果の化石
長さ 4.8cm
苫前町幌立沢
チューロニアン

アラウカリア
（ナンヨウスギ）
長さ 5.2cm
中川町ワッカ
ウェンベツ川
サントニアン

花の化石
径 3.1cm
苫前町古丹別川
サントニアン

毬果の化石
長さ 13.1cm　猿払村上猿払
カンパニアン

植物化石 -2

イチョウの葉
長さ 4cm　苫前町古丹別川
サントニアン

イチョウの葉
幅 約6cm　中川町ワッカウェンベツ川　サントニアン

コハク
左右 1.6cm　小平町天狗橋上流
コニアシアン

種子の化石
長径 2.7cm　羽幌町待宵沢
コニアシアン

シダの葉
長さ 4.6cm　小平町石炭内沢　チューロニアン

石炭紀のアンモナイト -1

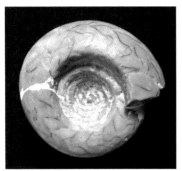

シュードパラレゴセラス
長径 5.6㎝
新潟県糸魚川市青海町

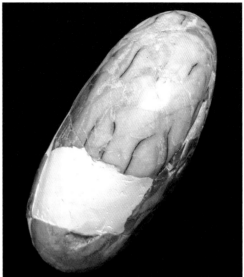

シュードパラレゴセラス
長径 11㎝
新潟県糸魚川市青海町

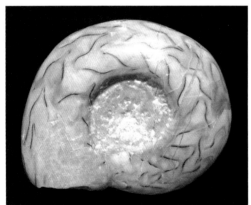

シュードパラレゴセラス
長径 8.3㎝
新潟県糸魚川市青海町

シュードパラレ
ゴセラス
（切断面）
長径 4.9㎝
新潟県糸魚川市
青海町

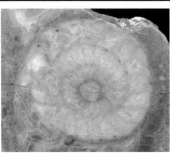

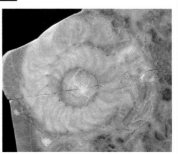

石炭紀のアンモナイト -2

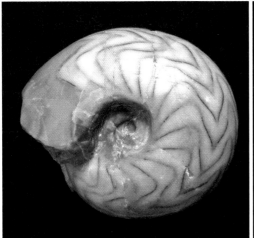

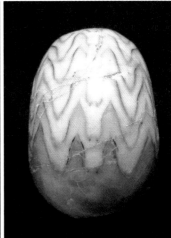

シンガストリオセラス
長径 5.1㎝
新潟県糸魚川市青海町

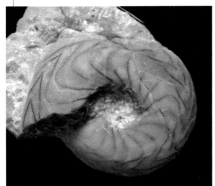

シンガストリオセラス
長径 4.8㎝
新潟県糸魚川市青海町

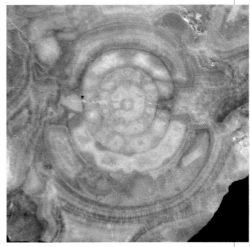

シンガストリオセラス
長径 2.9㎝
新潟県糸魚川市青海町

石炭紀のアンモナイト -3

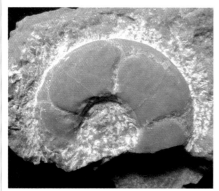

ゴニアタイトの一種
長径 3.4cm　新潟県糸魚川市青海町

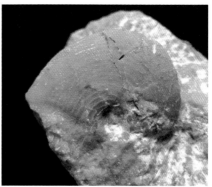

アガシセラス
長径 2.2cm　新潟県糸魚川市青海町

ゴニアタイトの一種
長径 4.5cm　新潟県糸魚川市青海町

ゴニアタイトの一種
長径 3.3cm　新潟県糸魚川市青海町

ディアボロセラス
長径 0.6cm　新潟県糸魚川市青海町

ディアボロセラス
長径 1.5cm　新潟県糸魚川市青海町

三畳紀のアンモナイト -1

プチキテス ハマダエンシス
長径 4.7㎝
宮城県利府町赤沼

プチキテス
長径 5.2㎝
宮城県利府町赤沼

ディスコプチキテス コンプレッサス
長径 5.4㎝
宮城県利府町赤沼

ケルネリテス
長径 2.9㎝
宮城県利府町赤沼

三畳紀のアンモナイト -2

サブコルンバイテス ペリニスミスイ
長径 3.8cm　宮城県南三陸町大沢

アルノートセラタイテス
長径 2.9cm　宮城県南三陸町日門

サブコルンバイテス ペリニスミスイ
左：長径 3.2cm、右：長径 3.0cm
宮城県南三陸町日門

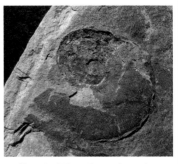

ブレンカイテス チモールエンシス
長径 3cm
宮城県南三陸町日門

アンモナイトの一種
長径 9.8cm
京都府福知山市夜久野町割石谷

94

三畳紀のアンモナイト -3

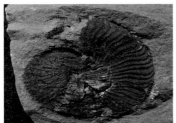

パラトラキセラス
長径 6.2㎝
福井県高浜町難波江

パラトラキセラス
長径 11㎝　福井県高浜町難波江

パラトラキセラス
長径 9.1㎝　福井県高浜町難波江

パラトラキセラス
長径 9.6㎝　福井県高浜町難波江

パラトラキセラス
左：長径 5.9㎝、右：長径 8.2㎝
福井県高浜町難波江

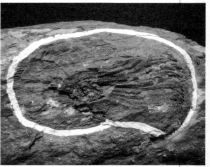

パラトラキセラス
長径 8.6㎝
福井県高浜町難波江

ペレコディテス
長径 4.7cm
宮城県気仙沼市
夜這路峠

アンモナイトの一種
長径 6.8cm
宮城県気仙沼市
夜這路峠

ソニニア
長径 4.4cm
宮城県気仙沼市夜這路峠

ソニニア
長径 5.1cm
宮城県気仙沼市夜這路峠

各地のアンモナイト

ジュラ紀のアンモナイト

ジュラ紀のアンモナイト -2

ギャランティアナ
長径 6.5cm　宮城県石巻市北上町追波

ギャランティアナ
長径 4.4cm　宮城県石巻市北上町追波

**フィロセラスの
一種**
長径 10.2cm
宮城県石巻市
北上町追波

タラメリセラス？
長径 1.8cm
福島県南相馬市
鹿島町館の沢

カナバリア
長径 2.9cm
富山県朝日町大平川

クラナオスフィンクテス？
長径 3cm
岐阜県高山市御手洗

各地のアンモナイト

ジュラ紀のアンモナイト

シュードニュー
ケニセラス
長径 4.1㎝
福井県
大野市貝皿

シュードニューケニセラス
長径 4.1㎝
福井市大野市貝皿

シュードニューケニセラス
長径 12㎝
福井県大野市貝皿

シュードニューケニセラス
長径 5.5㎝　福井県大野市貝皿

コッファティア
長径 4.7㎝　福井県大野市貝皿

ジュラ紀のアンモナイト -4

オキシセリテス
長径 5.6㎝
福井県大野市貝皿

オキシセリテス
長径 4.1㎝
福井県大野市貝皿

ホルコフィロセラス
長径 6㎝
福井県大野市貝皿

**ホルコフィロ
セラス**
長径 5.8㎝
福井県大野市
貝皿

左：ハルポセラス
右：ダクチリオセラス
左：長径 1.7㎝、右：長径 1.3㎝
山口県下関市石町

ハルポセラス
長径 3.7㎝
山口県下関市
豊田町西長野

ダクチリオセラス
長径 2.3㎝
山口県下関市石町

ハルポセラス
長径 6.3㎝
山口県下関市
豊田町西長野

白亜紀のアンモナイト -1

デスモセラス
長径 6.2cm　岩手県田野畑村明戸

シャスティークリオセラス
長径 3cm　和歌山県湯浅町栖本

アンモナイトの一種
長径 3.9cm　徳島県勝浦町中小屋

フィロパキセラス?
長径 2.3cm　徳島県勝浦町中小屋

ツリリトイデス
左右とも高さ 2.6cm　徳島県上勝町藤川

デスモセラス
長径 5.3cm　徳島県上勝町藤川

白亜紀のアンモナイト -2

ポリプチコセラス
長径 13.6cm
熊本県上天草市椚島

ゴードリセラス
長径 5cm
熊本県上天草市椚島

ユーパキディスカス
長径 3.4cm
熊本県上天草市椚島

白亜紀のアンモナイト -3

ゴードリセラス
長径 5.6cm　熊本県上天草市椚島

シュードオキシベロセラス
長径 3cm
熊本県上天草市椚島

ネオフィロセラス
長径 5.1cm　熊本県上天草市椚島

顎器（アナプチクス）
左右 3.5cm
熊本県上天草市椚島

ダメシテス
長径 3.5cm
熊本県上天草市椚島

採集から標本の作製まで

■化石の採集

① 採集計画

アンモナイトに限らず、化石採集は僕にとって一番の楽しみです。でも何の準備もなく、いきなり採集に行ってもきっと成果はないでしょう。

僕が北海道に行く場合、一日2カ所をめどに出かけます。一日1カ所だと、余裕はあるのですが、採集した化石の重さで身動きがとれなくなってきます。

車から離れて進むので、戻るときのことを考えなければなりません。距離にしておおよそ2〜3kmくらいが妥当でしょうか。採れるところでは、1カ所だけで20kg以上にもなり、重くてもうふらふらになります。範囲の狭いところなら、2カ所＋1カ所という感じで巡検します。

本来なら、あらかじめ関連書物で下調べしたり、地質図や地形図を読み行きたい場所の情報を得たりしてからにします。

実際は誰かに連れて行ってもらうのが手っ取り早いですね。

僕の場合は本を見て行きました。その経験が積み重なり、現在に至っています。

② 実際の採集

化石の採集は、露頭での採集と、沢や河原で転石を探す方法があります。林道を歩く場合は、露頭（崖）を見ながら歩くことになります。行きは林道、帰りは沢を見る。あるいは逆のコースで巡検するのが一般的でしょう。

沢や河原を歩く場合は、河原に転がっ

露頭でノジュールを探しています。

ているノジュールを探したり、崖下や露頭を探します。

転石とは、露頭から分離して流されたものです。僕の経験では、露頭の下流、せいぜい200〜300mくらいに集中していて、それ以上離れるとほとんど見つかりません。

また、河床の砂利の中にもノジュールはありますので、注意を払いましょう。

河床の砂利の中のノジュール。

大型のアンモナイトを発見。

③ 採集の道具

化石を採集するにはいろんな道具が必要です。

まずはハンマーです。先のとがったピックハンマーと呼ばれるものと、先の平たいチゼルハンマーの2種類がありますが、どちらがいいかは人それぞれです。僕はチゼル派で、比較的軽めのものを使っています。重いと確かに威力はありますが、振りにくいからです。

僕が使っている
ハンマー

大きなノジュールを割るときはロックハンマーを使います。たたき割るという感じですので小細工はしにくいです。

また、タガネを打つときにも使います。

ロックハンマーは、軽めのものと重めのものの2種類を使い分けた方がいいでしょう。

ロックハンマー
（玄翁）

タガネ
（チス）

ツルハシは崖を掘ったり、登るための
足場を切ったりするときに使います。ま
た、転石をひっくり返すときにも便利な
アイテムです。

　北海道の人は、アンツル（特製の大ハン
マー）という道具を使うことが多いよ
うです。これを持っているだけで、一人
前の採集家になった気分に浸れるからで
しょうか、持っている人はけっこういま
す。僕のツルハシを見て、"フン、そん
なんじゃダメだ"と馬鹿にする人もいま
すが、使い方次第です。

ツルハシ

バール

　アンツルは巨大な石を割るときは威力
があると思いますが、そんな場面はどれ
ほどあるでしょうか。しかもとてつもな
く重いのです。

　ツルハシは軽く、さらに柄とツルが分
離するため、移動時は非常に楽です。ツ
ルをリュックに入れ、柄を腰に差したら、
手ぶらにもなります。なんといっても、
ノジュールを掘り出すにはツルハシが有
利です。ツルハシの先端は絶えずとがら
せておきましょう。

　バールは、北海道ではめったに使いま
せんが、ノジュールを掘り出すときに使
うこともあるので、一つくらい車に積ん

でおくとよいでしょう。

　道具は何種類も持っていると便利なの
ですが、かさばり、重くなりますので、
仲間と共有するのもいいかもしれませ
ん。

　その他にも便利な道具はたくさんあり
ます。ホームセンターを何軒も見て歩い
たりして探すのも楽しいですね。

　また、インターネットでいろいろな情
報を収集するのもいいかもしれません。

タワシ
石が汚れているとよく見
えません。

蛍光テープ
目印に使います
が、道具にも巻
いておくと便利
です。

ルーペ
ノジュールには何が入っ
ているかわかりません。

ウルシの対策

　ウルシかどうかは定かではありませんが、植物に負けてひどい目に遭ったことがあります。

　清川林道でのことでした。垂直に近い崖の上の方にノジュールを見つけたのですが、どうしても採りたくて考えました。左側の草木の生えている斜面を強引に登り、上の笹藪をかき分ければノジュールのすぐ上に到達できるのではないか。そこから太い木の枝を使ってノジュールをこじれば採れそうだと考えました。

　そしてすぐに実行し、採れたのはいいのですが、翌日になって車で移動中に鼻の下やあごの周りがかゆくてなりません。水泡ができ、それが破れて体液が流れ出る始末です。かゆいぽたぽたとあごから体液が流れ、服を汚してしまいます。

　道北を離れ、釧路方面に向かっていたときでしたので、まず富良野の薬局で虫さされの薬を買いました。そのときはまだ虫に刺されたものと思っていたのです。あまりにもひどいので、池田町のガソリンスタンドで皮膚科の場所を尋ねましたが、帯広まで戻らなければないとのことでした。仕方なくそのまま釧路まで行き、ようやく釧路市内の病院で処置をしてもらうことができました。

　でもあとでよく考えてみれば、あれは虫さされではなく、ウルシにやられたのではないかと思いました。なるほど、そうかも知れません。おそらく、接触皮膚炎だったのです。

　それからは極力藪の中を突き進むことは避けていますが、それでも無意識のうちに接触して、かぶれて1週間ほど苦しむことが多々あります。

　対策は……そういう植物に接触しない、近づかないことです。それしか手はありません。

　ツタウルシやヤマウルシ、ヌルデ、イラクサなどには注意する方がいいでしょう。

紅葉したウルシ。決して触れないように。

虫除け対策

　採集で毎度悩まされるのは虫です。北海道に行くのは5月の中旬から6月の上旬の虫の少ない時期を選んでいます。

　とはいえ、年によって発生の時期が違うので、必ずといってもいいほど被害を受けています。5月下旬にもなるとまずはじめにブヨ（ブユとも呼ばれています）が出てきます。正直うっとうしいです。噛まれると（刺されるのではありません）2、3日はかゆみがとれません。

次に現れるのはヤブ蚊です。ヤブ蚊は手強い相手です。まずなんといっても北海道のヤブ蚊は大きいです。そして動きが速い。しかも大群で襲ってくるので、ひどいときにはパニックになり、採集を切り上げてそそくさと退散することがあります。

僕はオンコ沢でひどい目に遭ったことがあります。6月の中旬、ヤブ蚊がいることは十分承知していたのですが、それでも行きたくて、早朝の涼しいうちならとオンコ沢に入っていきました。するとさっそくヤブ蚊の大群がやってきました。用意していたタオルを振り回して払うのですが、その量にまったく効果はありませんでした。

走って逃げようとしてもすぐに追いつかれ、ついには僕もギブアップして、産地に到達することなく引き返してしまいました。

それ以来、6月の中旬に入山することはなくなりました。

夏になるとアブが出てきます。これもすごくて、スズメバチのような大型のアブです。夏に車で林道を走っていると、車に突進してきて、バチバチという音がし、恐ろしくて車から降りられないくらいです。普通、本州で見るアブは灰色で、大きな種類でも2cm程度ですが、このアブの色は茶色で大きさも3cmくらいはあったでしょうか。まるでオオスズメバチのようでした。

秋になると、今度は本州にいるのと同じような蚊が出てきます。この蚊の見た目が陰湿な感じで僕は大嫌いです。道東の尾岱沼で襲われた思い出があります。

また、ダニにも気をつけなければなりません。最近になってよくニュースが流れるように感じています。SFTS（重症熱性血小板減少症候群）と呼ばれる感染症で、ウイルスを持つダニが感染源です。

致死率が高く、注意が促されています。1990年頃はそんな言葉は聞いたことがなかったので調べてみると、2011年になって初めてSFTSの感染症と特定されたとありました。

ダニはライム病やツツガムシ病という病気の感染源でもあります。

ニュースでは、山に入るときは長袖を着て、ダニに刺されないようにと呼びかけていますが、それは間違っています。

ダニは刺すのではなく、噛むのです。インターネットで検索すると、「刺される」と書いている医者もいますが、経験がないとわからないのでしょう。

ダニは皮膚にとりついたとしてもすぐには噛みません。皮膚の柔らかいところを探し回り、ここだと思うところで噛みつくのです。

そして皮膚の下に潜り込み、体を皮膚の中に突き刺して血を吸うのです。ですから、半袖であろうと長袖であろうと何の関係もありません。かえって半袖の方がいいかもしれません。なぜなら、皮膚にとりつくとこそばゆくて気がつきやすいからです。

もっとも、黒いダニが目立つよう真っ白いYシャツに、真っ白いスラックス、

107

防虫ネット

ハッカスプレーと虫除けスプレー

蚊取り線香

虫さされの軟膏

白い手袋をまとっていたら別ですが。

僕は今まで3度ダニにやられました。たとえば大雪山を登山したときのことです。おへその下あたりがなんだかもぞもぞしたのでトイレに行ってパンツを下ろしてみました。「なんだこりゃ！」でした。

ダニがおへその下あたりに突き刺さり、足だけが見えてもがいているのです。その周りは青紫色に変色し、ただ事ではありませんでした。すぐに上川町の町立病院に行ってとってもらいましたが、数日経ってそこが化膿しました。そのときはライム病だのSFTSだの、まったく医者の話には出ませんでした。

幸いSFTSは発症せずに済んでいます。ダニによってウイルスを持っているものと持っていないものがいるようです。

大変怖い病気ですので、山から帰ったら早めに白いシーツの上で裸になり、ダニがついていないか確認しましょう。もしついていれば、はたいて落とします。

虫嫌いの人、虫に刺されやすい体質の人は、化石採集には向かないかも知れませんね。

ヒグマの対策

北海道の山に入るとき、以前は鈴を腰にぶら下げるだけだったのですが、最近はもう少し武装するようにしています。

まず、熊除けスプレーです。唐辛子の成分（カプサイシン）が入っています。万が一ヒグマに接近した場合、最後の手段として噴射するのですが、風向きによっては自分にかかるかも知れません。そ

うなったらただでは済みませんので注意が必要です。

以前、同行の人が誤って噴射してしまい、ガスが僕の手と顔をかすめました。ゴホン、ゴホンとむせかえり、呼吸困難に陥り、大変な思いをしました。それから2〜3日手がひりひりしたのを覚えています。決して使う場面がないこと、そして誤噴射をしないことを願います。

鈴はある意味、消耗品です。というのも、腰やリュックにぶら下げているものですから、藪こぎをしたときなどに、取れてしまうことが多いのです。なんだか音がしないなあと思ったときにはなくなっていて、あわててホームセンターに駆け込むことがよくあります。

最近は鈴ではもの足りなくて、ハンドベルを持ち歩くようにしています。林道を長く歩くときなどはハンドベルを鳴らすのです。両手が空いているときは大きさの違う、つまり音色と音の大きさの違うハンドベルを2つ鳴らしながら歩きます。

手回しのサイレンを持とうかとも考えましたが、誰かに通報されたらまずいので、さすがにやめました。

鈴は音色の違うものを複数ぶら下げるといいでしょう。

爆竹も必ず持参します。林道を車で進み、終点で車を降りたときや沢に降り立ったとき、あるいはトンネルの入り口などで鳴らします。注意したいのは、決して草むらの上では使わないことです。下手をすると山火事になってしまいますから。

ある人はゴムでできたヘビの作り物を持ち歩いていました。思わず笑ってしまいましたが、その人曰く、ヒグマはヘビを嫌うらしく、襲ってきたらヒグマの眼前に投げつけるのだと言っていました。それも一つの対策かも知れませんが、僕はちょっと……。

笛を鳴らしながら歩くことも多いですが、こちらはすぐに息切れしてしまうことが少し問題です。

鈴

ハンドベル

爆竹

カウベル

ホイッスル

熊除けスプレー

■クリーニング

採集して家に持ち帰った化石は母岩から取り出します。母岩付きの標本にする場合は、化石にくっついている石を取り除いてきれいにする必要があります。

こういった作業をクリーニングというのですが、これがまたじつに楽しいのです。

というのも、持って帰った石を新聞紙から解放してやると、たいていは泥で汚れています。まずは水洗いをして、どんな感じになっているのか見てみましょう。水洗いをしただけできれいになることもありますので、まずは感激です。

そして、化石は石の中に埋まっているのが普通なので、タガネを用いてくっついている石を取り除いてやらなければなりません。大変な作業ですが、二級品の標本が一級品の標本に変わるのですから、やりがいも大きいです。

ただ、不器用な人もいますので、二級品の標本が三級になりさがってがっかりすることもあるかもしれません。

でも、焦らず、丁寧にやればそこそこきれいになりますので、あなたも是非挑戦してみてください。

クリーニングをしない人もいますが、何のために採集してきたのか疑ってしまいます。

また、壊れたらどうしようと考えてクリーニングするのを躊躇する人も多いのですが、そんな人にはこう言ってあげます。「壊れたら接着したらいいじゃないか」と。接着もけっこう難しい作業ですけどね。何事も失敗をおそれずに挑戦することです。そうでないと、いつまでも前に進めません。

① クリーニングの道具

まずはハンマーです。野外で使用するものとはまた別で、どちらかというと、大工さんや左官屋さんが使うものに近く、流用したりします。ホームセンターで使えそうなものを探すのも楽しいことですね。

次にタガネです。石は硬いので、どんなに先端が硬いタガネでも、使っているうちに欠けたり減ったりしてしまいます。つまり消耗品です。市販品はなかなか手に入りにくいので、コンクリート針を利用するのも一つの手です。けっこう

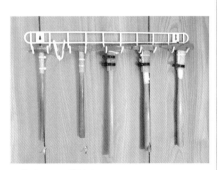

クリーニング用のハンマー
右端は少し重め、二つめは超合金付きでこれも少し重め。
真ん中は軽くて小割をするときに使うもので、これも超合金付き。
左端は軽くて、ちょんちょんとタガネを打つときに使うもの。左から二つめはタガネ打ち専用です。これらを状況に応じて使い分けています。

硬いし、これならホームセンターを探せ
ば見つかるでしょう。摩耗した場合は、
グラインダーでとがらすのですが、電動
のグラインダーはダメです。高熱を持ち、
焼き鈍し、つまり先端が柔らかくなって、
使い物にならなくなってしまうのです。

　手回し式のグラインダーを用意する
か、ダイヤモンドヤスリでとがらすしか
ないでしょう。

　次は砂袋を用意します。砂袋は化石の

座布団のようなもので、座りをよくする
ためのものです。

　これがないとタガネの作業はできませ
ん。僕は古いズボンの足の部分を利用し、
中に砂を詰め込んで作っています。自分
でできないようでしたら、お母さんに作
ってもらいましょう。

砂袋
砂袋はなくてはならないものです。
試料を砂袋の上に載せ、安定させた状態で
クリーニングします。

② **クリーニングの実践**

　道具がそろったら、やっと実践です。
実際にクリーニングをやってみましょ
う。砂袋の上に母岩を置き、動かないよ
うにちゃんと座らせます。動いてしまう
とタガネが指に刺さってケガをします
よ。

　次の写真のようにするのですが、こつ
はタガネを石の上で滑らさないようにす
ることです。さらに、石に対してできる
だけ直角にタガネを当てることです。そ
うしないと簡単にタガネの先端が欠けて
しまいます。

　また、滑らすとタガネのスジが白い線
となって石の表面に残り、とても見苦し
くなってしまうので、ちっちゃくたたい
て石を飛ばすようにします。あまり強く
たたくと刺さってしまいます。

ニチカ製のタガネ（罫書き針）

コンクリート針

手回し
グラインダー

こんな感じでやります。

接着剤
接着剤は接着する対象によって使い分けます。

**その他の
役に立つツール**
カッターや罫書き
針など。

たたいた直後にタガネを浮かすように
やるとうまくいきます。ひたすら練習し
てください。
　場合によっては、小型のグラインダー
（ルーターといいます）や、バイブレー
ターも使います。

バイブレペン（新潟精機製）

ミニルーター（PROXXON）

■整理と保管

　化石のクリーニングが済んだらそれでおしまい、ではありません。

　最後までちゃんと面倒を見てあげましょう。

① 標本番号

　標本に番号を振ってあげます。

　あなたが鈴木さんなら、S-1234などとします。

　ちなみに僕はF-1234にしています。

　FはFossil（化石の意味です）の頭文字です。

　好きな記号にすればいいですが、あまり長いと番号ラベルが邪魔になります。パソコンで連続番号を打ち、標本に貼り付けます。これが一番大事です。

② ラベルの作成

　ラベルを作成して標本に添えます。名刺のようなものです。これでこの標本の素性が明らかになり、値打ちが上がります。

```
F-1234
┌─────────────────────────────┐
│        フィロパキセラス        │
├──────┬──────────────────────┤
│種　類│頭足類                 │
├──────┼──────────────────────┤
│産出地│北海道苫前郡苫前町古丹別川│
├──────┼──────────────────────┤
│時　代│中生代白亜紀 サントニアン│
├──────┼──────────────────────┤
│採集日│2021.5.31              │
└──────┴──────────────────────┘
```

③ 整理の仕方──標本台帳の作成

　整理はエクセルで一覧表（台帳）を作ると簡単です。いわば化石の住民票や戸籍のようなものです。

　自分で必要と思われる項目を入力して一覧にしてください。きっと役に立つと思います。

④ 保管と活用

　最後は標本の家造りです。せっかく採集して標本にしたのです。ちゃんと保管していつでも見られるようにしてください。

　また、貴重な標本である場合、博物館から借用依頼があるかも知れません。そんなときにあわてないためにも保管には気を配りましょう。

僕がアンモナイトを採集したところ

● 稚内市東浦

● 猿払村上猿払

● 中頓別町頓別川

遠別町ウッツ川 ●● 中川町ワッカウェンベツ川

● 遠別町ルベシ沢

● 羽幌町羽幌川

● 苫前町古丹別川

● 小平町小平蘂川

● 芦別市幌子芦別川

● 三笠市桂沢

● 夕張市夕張川　　　　　　● 浜中町奔幌戸

● むかわ町穂別

● 浦河町井寒台

岩手県田野畑村明戸 ●

宮城県気仙沼市夜這路峠 ●

宮城県南三陸町大沢、日門 ●　宮城県石巻市

宮城県利府町赤沼　　● 北上町追波

福島県南相馬市鹿島町館の沢 ●

● 新潟県糸魚川市青海町

富山県朝日町大平川 ●

福井県大野市貝皿 ●　● 岐阜県高山市御手洗

● 福井県高浜町難波江

● 京都府福知山市夜久野町

山口県下関市豊田町西長野　　　徳島県勝浦町中小屋

徳島県上勝町藤川 ●●　● 和歌山県湯浅町栖原

● 高知県佐川町

● 熊本県上天草市椚島

アンモナイト産地の紹介

■各地のアンモナイトの化石産地

　次頁に僕がよく行く道北のアンモナイトの産地を紹介します。

　また、その他の産地を列挙して紹介します。

　地名だけですが、これをヒントに地形図や地質図と照らし合わせたり、博物館で調べたりして探索してみるのもいいでしょう。

　昔はそうやって巡検したもので、僕のお気に入りの場所はどこもそうやって調べ、何度も通った結果で、この記録もすべて経験によるものです。

　化石の探索に重要なのは、"同じ場所に何度も足を運ぶ"ことです。

　他地域の産地については、『産地別日本の化石』シリーズや『日本全国化石採集の旅』シリーズ（ともに築地書館刊）でも詳しく解説していますので、そちらもご覧ください。

- ●北海道
  - 稚内市清浜海岸、宗谷岬西方海岸
  - 浜頓別町宇津内
  - 中頓別町松音知、敏音知、豊平
  - 猿払村上猿払石炭別川、猿払川
  - 音威子府村音威子府
  - 中川町濁川、仁尾川
  - 幌加内町朱鞠内川、早雲内川
  - 美深町豊清水
  - 沼田町幌新太刀別川、支線沢川
  - 根室市ノッカマップ
  - 厚岸町アイカップ岬
  - 美唄市美唄川

  - 栗沢町万字
  - 三笠市弁別川
  - むかわ町穂別稲里、サヌシュベ川
  - 占冠村金山峠
  - 南富良野町金山
  - 平取町貫別川
- ●岩手県
  - 田野畑村羅賀、平井賀、ハイペ
  - 岩泉村小本茂師
- ●宮城県
  - 南三陸町歌津館の浜、韮の浜、桝沢、
  - 志津川荒砥
  - 女川町小乗
  - 石巻市井内
  - 気仙沼市大島、唐桑町綱木坂
- ●福島県
  - いわき市アンモナイトセンター
- ●茨城県
  - ひたちなか市平磯
- ●群馬県
  - 神流町瀬林、間物沢
  - 上野村白井
- ●埼玉県
  - 小鹿野町坂本、日影沢
- ●千葉県
  - 銚子市外川
- ●東京都
  - 青梅市二俣尾
  - 日の出町岩井
- ●富山県
  - 大山町有峰
  - 富山市八尾町桐谷
- ●長野県
  - 佐久穂町石堂
  - 長谷村戸台
- ●福井県
  - 大野市長野
- ●三重県
  - 鳥羽市青峰山

●**大阪府**
阪南市箱作

●**兵庫県**
南あわじ市緑町広田広田、阿那賀、
中野、湊、地野、大川

●**和歌山県**
有田川町鳥屋城山、中井原、沼谷

●**岡山県**
美作市英田町福本

●**山口県**
下関市菊川町西中山

●**徳島県**
鳴門市瀬戸町北泊、大麻町、北灘町
上板町大山、神宅
脇町相立
美馬町石仏
小松島市大林町、立江町
羽ノ浦町古毛

●**香川県**
さぬき市多和兼割
仲南町塩入川

●**高知県**
香美市物部町楮佐古

●**愛媛県**
宇和島市古城山

●**大分県**
上浦町浅海井

●**熊本県**
八代市坂本町馬廻谷、二見鷹河内
田の浦町宮之浦、海浦田
御船町浅ノ藪、下梅の木
上天草市松島町内野河内
御所浦町

●**沖縄県**
本部町備瀬
国頭村辺戸岬

■道北編

　ここで北海道のとっておきのアンモナイト産地を解説しましょう。

　秘密にする人がけっこう多いのですが、場所を教えられたからといって必ず採れるものではありません。露頭にノジュールが覗いていなければなりませんからね。採れるか採れないかは運次第。そして採集者の眼力次第です。

　普通の人は河原を歩いて主に転石を探す場合が多いようです。露頭も見るでしょうが、あまり真剣に見る人は少ないように感じます。

　僕の場合は、川でも沢でも林道の崖でも、とにかく露頭があれば徹底的に探索します。目を皿のようにし、露頭の岩盤の色の違いや、わずかな表面の起伏をヒントに、この下にノジュールが埋まっているのではと推測するのです。もちろん、河原の転石の中にもすばらしいノジュールは見つかりますが、残念ながら、どこから流れてきたものかわかりません。崖下に転がっているものは別にして、産出地が不明では少し価値が下がるのは当然ですね。

　沢や川を歩いていて、真新しい人の足跡が見つかるとがっかりしますが、でも意外と取りこぼしが多いようです。

　さらに、人が割り捨てたノジュールが散乱しているのをよく見かけます。バラバラになったアンモナイトが捨ててあると「あー、もったいない、何で割るんや」とぶつぶつ言いながら破片を回収するこ

ともあります。

　77頁右下のナエフィア〔なんかはいい例で、これは羽幌町の中二股川を歩いていて拾ったものです。崖からちょっと離れたところにまとめて割り捨てられていました。僕は破片をすべて回収し、その場で組み立ててみました。するとどうでしょう、写真のようにすべてのパーツがそろったのです。

　他の人、特に北海道の人は大物ねらいの人が多いのでしょうね。小さな化石や普通種、さらには二枚貝や植物化石などにはあまり目もくれないようです。

　僕はすべての生き物が好きなので、どんな種類の化石でも大事に扱うようにしています。

　それでは化石産地を何カ所か紹介していきますが、最近、実際に行って収穫があったところに絞ってあります（2020年春現在の状況を解説したものと思ってください）。

　北海道の山の地形は時間が経つと大きく変わります。ですからしばらく行っていないところを紹介しても意味がありませんので、道北地方だけを解説します。他の地域については他の方にお任せします。

【コラム】北海道巡検の全記録

　右の表は、2020年までに訪れた北海道巡検の記録です。50年間でこれだけの回数をこなしました。

　はじめの頃は三笠市の幾春別川付近が中心でしたが、次第に道北地方に活動の拠点を移すようになりました。いっときはまだ行っていない産地を回ってみようと奮闘したのですが、あまり成果がなく、いつもの場所で腰を据えて頑張るようになりました。やはり、"同じところに何度も通う"というのが一番だと思います。

　北海道の白亜紀層は非常にもろくて崩れやすいのですが、だからこそ、毎年春になればたくさんのノジュールに出会うことができるのです。アンモナイトの採集は、山菜採りとよく似ていますね。

北海道巡検の記録

巡検地	最初に行ったのは	現在までの回数
稚内市東浦	1989.7.24	24
中川町安平志内川	1977.5.3	73
遠別町ウッツ川	1990.5.30	77
遠別町ルベシ沢	1996.4.30	13
猿払村上猿払	1989.7.23	17
中頓別町敏音知	1989.7.23	11
羽幌町羽幌川	1990.5.29	75
羽幌町中二股川、デト二股川	1989.7.29	75
羽幌町逆川	1989.9.12	43
羽幌町三毛別川	2003.10.20	21
苫前町古丹別川	1989.9.9	207
苫前町オンコ沢	1990.5.28	45
小平町小平蘂川	1983.7.25	98
浜中町奔幌戸	1988.5.2	19
むかわ町穂別稲里	1988.5.1	8
三笠市幾春別川	1971.6.11	14
夕張市夕張川	2008.5.16	7
芦別市芦別川	1988.5.1	6
浦河町井寒台	1983.7.29	9

稚内市 東浦

　稚内市東浦漁港の北の端に広場があります。ここの端っこの方に邪魔にならないように車を止めますが、けっこうぬかるんでいるときがあるので注意してください。

　海岸に下りて、大きな砂利の上をしばらく北に進みます。このあたりは砂岩層になっていて、きれいな板状の砂岩の転石がたくさん見られます。

　500mほど進むと、昔の防波堤の跡に出ます。少しカーブになっていて、そこを過ぎると地質が変わり、何か出そうな雰囲気になります。このあたりから北が一番ノジュールが出やすそうです。しばらくは崖から崩れ落ちた大きな岩がゴロゴロと転がっています。この岩の中にもノジュールは含まれていますが、けっこう人の出入りが激しいところなので、何も見つからないかもしれません。

　でも崖の中にはけっこうノジュールが埋まっていて、よく探せばそこそこの収穫が期待できますから、ボウズということはないでしょう。

　さらに北に進むと砂浜に出ます。この付近の崖にもノジュールは埋まっています。

　波打ち際の転石の中にも、摩耗したノジュールがあり、アンモナイトや二枚貝などが見つかります。露頭はさらに続きますが、あまり先で採集したことはありません。

　くまなく見て回っても、半日のコースとなります。

　東浦のノジュールの特徴ですが、色は

稚内市東浦の様子。景色がきれいなので、ただ歩いているだけでも気分の良いところです。

灰色が多く、緻密で硬く、分離も少し悪いようです。また、化石が若干ノジュールの中で溶けているような感じで、殻が薄く感じます。でも、ときには分離の良い化石が密集したノジュールも採ったことがありますし、88頁のソテツの樹幹が転がっていたこともあります。さらに、大きなアンモナイトが崖下に転がっていることも珍しくありません。

お昼は猿払村の道の駅がおすすめです。猿払村はホタテ貝が特産で、ホタテラーメンやホタテカレーがおいしいですよ。そんなことも化石採集旅行の楽しみの一つです。

遠別町 ウッツ川（清川林道）

清川林道は遠別町を流れるウッツ川の上流、中川町との町界付近にあります。咲花トンネルの西口に林道の入り口がありますが、現在は廃道になっています。

道道に駐車場があるので、そこに車を止め、下の林道に入ります。100mほど歩き、最初のカーブを曲がるとすぐに土砂崩れの跡があります。2010年に大崩落し、林道は50mにわたって埋まってしまいました。このあたりからメタプラセンチセラスのゾーンに入るので、大崩落の直後は大量のノジュールが産出しました。

最近は草木が生え始め、次第に採れなくなっています。

大崩落の場所から次の右カーブまで露頭は続きますが、あまりノジュールは見られません。カーブのところが露頭にな

っていて、ちょうどカーブミラーのあるあたりでは、けっこうノジュールが出ます。

55頁のメナイテスはここから出たものです。メタプラノジュールを掘り出し、割ってみたら、立派なメナイテスが出てきました。

カーブを過ぎて50mほど進むと切り立った黒っぽい崖が見えてきます。この崖からは、かつてはたくさんのノジュールが出てきましたが、廃道となって崖の下方が土砂で埋まってからは、ほとんど採れなくなってしまいました。僕はここでメノウになったメナイテスを10個ほど採集しています。運がいいと崖下に転がっていますよ。

これより先はあまりなさそうですが、探索してもいいかもしれません。一度だけもう少し先の崖で、メタプラを採集しています。

カーブミラー付近の河原にも露頭が出ていますが、こちらもノジュールの出が

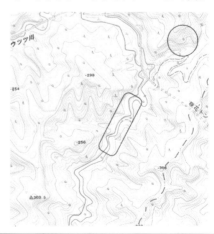

なくなり、ほとんど採れなくなりました。春先、一番に行けば、少しは収穫があるかもしれません。

大崩落から2カ月後の様子です。林道が完全に埋まってしまいました。

たくさんのメタプラノジュールが集まりました。

遠別町 ルベシ沢

遠別川を10kmほど遡ると、ルベシ沢があります。ルベシ沢の奥の山を越えると中川町のルベシベ沢になり、ともにメタプラセンチセラスが産出します。直線で約2.5kmの距離です。

遠別川にかかる赤い橋を渡り、右折して道なりに進むと林道に入ります。林道に入るとすぐに砂利道になります。途中は遠別層の白っぽい泥岩の崖が続き、崩落が激しいので車は通れません。

入り口から4kmほど行くと廃道状態になります。林道は木々が生い茂り、獣道となっています。さらに進むと北に向かう沢があります。川の中をジャブジャブと歩いて進みます。

沢に入って100〜200mくらい進むと北西側に大きな露頭が見えます。かなり深い藪になってきているので、下からは見えないかもしれませんが、急斜面を

ルベシ沢の大露頭です。時が経ち、だいぶ草木で覆われてきました。

登ると露頭があります。

　この場所はノジュールが多いのですが、人が入った後はなかなか厳しいかもしれません。でも、けっこう広いので、くまなく探せばボウズはないでしょう。

　大露頭の対岸や、少し先に行ったところでもノジュールが見つかります。途中は礫岩になりますが、その中にもノジュールがあり、金属色をしたアンモナイトが見つかります。

　ルベシ沢はヒグマの多い沢と認識しています。最近は特にヒグマの気配がひどく、単独行は危険です。

　1時間以上歩きにくいところを歩きますが、鈴を鳴らしたり、大声を出したり

して進んだ方がいいと思います。

　収穫も少なくなったので、僕はもう行くことはないでしょう。

中川町 学校の沢と化石沢

　中川町の佐久から天塩川を離れ、南に安平志内川が続きます。大和というところでワッカウェンベツ川に入ります。

　そのさらに先に学校の沢と化石沢があります。中川の町から30kmほど山奥になりますので、とにかく遠いです。

　林道の入り口にゲートがありますが、最近はたいてい閉まっているので車では行けないことが多いです。その先の町有林道も、土砂崩れで通行不能のことが多く、最近は行くことがなくなりました。

　ゲートから8km先に学校の沢があり、さらに2km先に化石沢がありますので、歩いていけば約2時間の行程です。途中はヒグマの巣のようなところなので、1人での入山はおすすめできません。

　昔、この学校の沢近くに小学校があったそうです。こんなところにもたくさん人が住んでいたのですね。以前、自転車

【コラム】国有林の入山について

　北海道のアンモナイトの産地は国有林である場合がほとんどで、入山する場合は、入林届の提出が必要です。

　管轄の森林管理署に届を提出してください。化石の調査・研究目的のためなら認められます。

　また、苫前町と小平町の国有林に入山する場合は、役場の教育委員会に具申書を提出することになります。詳しくは役場の教育委員会・社会教育課まで問い合わせてください。

　なお、『帰ってきた！日本全国化石採集の旅』（築地書館刊）の巻末に詳しいことを載せていますので参考にしてください。

で行ったとき、行きにはなかったのに、帰り道には大きなヒグマの糞があったのにはびびりました。本当にヒグマの多いところです。

　10年ほど前の話ですが、化石沢の近くの広場でキャンプをしながら採集活動をしている人がいました。よくもまあこんなところにと思いましたが、ヒグマが怖くないのでしょうか。

　さて、学校の沢に行くには林道から少し川に沿って歩きます。沢に入ると二手に分かれていますが、左手に入った方がいいそうです。僕は運よくここで、砂利の中に埋まっていたインターメディウムを採集しました。

　化石沢へはさらに2kmほど進まなければなりません。沢の入り口にある木に、誰かが「化石沢」と刻印しています。入

化石沢付近から入り口方面を見たところです。

ガツンと一発ハンマーでたたくとインターメディウムが出てきました。

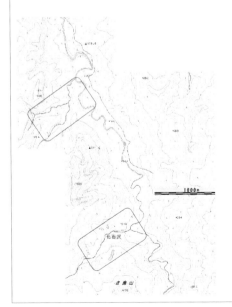

大きなアンモナイトが土砂の中に埋まっています。

り口の下流周辺にはノジュールが多く、たくさんの化石が採集できました。特にハウエリセラスが多いようです。

化石沢はとても崩れやすい岩盤になっているので、ノジュールが出やすいのでしょう。春先一番に行くことができたなら、持ち帰れないほどの化石が採れるかもしれません。そんな感じのすごいところですが、誰かが先に入れば、ほぼ何も採れないでしょう。僕は運がいいのか、

化石沢を目指してワッカウェンベツ川を遡っているところです。大きなノジュールが見つかりました。アンモナイトがたくさん入っているようです。

初めて行ったときにインターメディウムを採集しています（43頁上）。

また、ユーパキディスカスやアナパキディスカス、インターメディウム、ハウエリセラス、ダメシテススガタの産出も多く、けっこうな確率で見つかりますが、そんなときに限って歩きなのです。まったく不運です。

羽幌町 三毛別川

今から50年ほど前、羽幌町には炭鉱が3カ所ありました。築別抗、羽幌本抗、上羽幌抗です。第三紀の地層に炭層が入っているのですが、その隣は白亜紀の地層です。

化石の産地にはいずれも炭鉱跡を通って行きます。

羽幌本抗から羽幌ダムに向かう林道があります。10km近くありますが、道が細く慎重に走らなければなりません。また、途中には軟弱地盤のところがあり、大雨のたびに道路が決壊し、たびたび通行止めになります。しかし、上流には羽

【コラム】化石巡検と季節

北海道に住む愛好家は別にして、我々のように内地から旅行で訪れる場合、適切な季節というものがあります。一番は5月中旬から下旬にかけてです。

その年の積雪量や残雪の量にもよりますが、その頃が一番動きやすいです。残雪の量が多いときは一番困ります。小さな沢へは行けないし、沢自体が雪で埋まっています。本流は濁流が渦巻き、とてもではないですが、ジャブジャブと歩いて転石を探すということはできません。

夏場はというと、草木が林道を覆って行く手を阻みます。しかも、ブヨにヤブ蚊、大きなアブ、そしてスズメバチ、ヘビが多いです。秋はといえば、日が短いのが難点です。春も夏も秋にも行きましたが、春は天気のいい日が多く、最適だと思います。

幌ダムがあり、管理事務所に人が詰めているので、長く通行止めが続くことはありません。

管理事務所の入り口は四叉路になっています。右に曲がれば管理事務所、左に曲がれば木の芽沢林道、まっすぐダムの方に進むと三毛別川の上流に向かいます。

ただ、ここも林道はかなり荒れていて、木の芽沢は入り口近くで陥没し、三毛別川もダム湖畔が決壊していて、車では行けなくなりました。しかし、比較的距離が短いので、歩いて行ける場所です。

木の芽沢は林道の終点から沢に入りますが、下り立ったところは木の芽沢ではなく、支流の小沢です。けっこうノジュールが目につき、大きなテキサナイテスが採れたこともあります。

木の芽沢の本流はノジュールがほとんどありません。わずかに崖の中にノジュールが見つかり、きれいなテトラゴニテ

スを採集したことがあります。ヒグマの多い沢です。

三毛別川の林道を行くと途中に右に折れる道があるので、そちらに進みます。100mほど進むと橋がありますので、そこから三毛別川に下りて上流を目指すと

この橋から三毛別川の上流を目指すと良いでしょう。

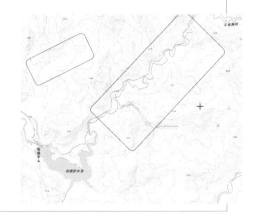

今でも石炭層の露頭が見られます（築別川にて）。

いいでしょう。橋の先にも林道は続いていますが、ヒグマの気配がすごく、とても怖かったです。ただ、沢の状態は良く、崩れやすい岩盤なのでしょうか、はげ山のようになっています。

複数人で行くなら、この沢の探索がおすすめです。

橋の下から三毛別川の上流に進みます。露頭が所々にありますが、小さな露頭なので大きな成果は期待できません。しかしテキサナイテスなどがよく出るところですから、けっこう楽しめる場所に違いありません。

地形図を見ると、三毛別川周辺は大きな沢がいくつもあり、草が生えていない時期なら見て回るといいと思います。地元の人も、羽幌川が行きにくくなったので、最近はみんな三毛別川に行っているということでした。

羽幌町 羽幌川水系

羽幌川水系は支流が多く、大変楽しめるところです。しかし、産地へのアプローチが長く、しかも道路事情が悪化し、昔のように自由に行けなくなりました。

北から、アイヌ沢、デト二股川、中二股川、逆川、大椴沢、羽幌川本流、小川沢川、西側の右の沢と、広範囲に産地が広がります。化石が美しく、しかもノジュール豊富で、魅力的な産地なのですが、10年ほど前に大規模な斜面崩壊が何カ所も相次ぎ、林道はずたずたになってしまいました。また、道道も入り口近くで崩落が予想されるため、ゲートが設けられて通行できなくなりました。このため、自転車で行ったり、歩いていったりしているのですが、いったん通行止めが続くと、林道は廃道状態に陥りやすく、自転車でも通れなくなってしまいました。さらに、決壊箇所も増え、羽幌地域の道路事情は一変してしまいました。

1990年頃は羽幌川の最奥部まで車で行けたのですが、あの頃が懐かしく感じます。

ゲートから4kmほど行ったところが大規模に崩落しました。現在は修復されましたが、今度はその手前が大規模に決壊して再び通行不能となっています。

■アイヌ沢

アイヌ沢も、ゲートから4km付近で道路が決壊し、その後放置が続いているため、長らく通行不能となっていました。本来なら、峠を越えてデト二股川やピッシリ沢に行くことができ、ピッシリ山登山の玄関口になっていたのですが、廃道状態が続いています。さらに、2019年には入り口の橋も落ちてしまい、完全に

通行不能になっています。

　産地までは約3kmなので、十分に歩いていける距離ですが、ここもヒグマの気配が濃く、1人では恐ろしいところです。

　初めて行ったときは怖いもの知らずで、細い沢を遡り、林道に出て戻る途中、真新しいヒグマの糞に驚かされました。まだ湯気が出ている状態ですから、きっと近くでこちらの様子をうかがっていたに違いありません。

　アイヌ沢はノジュールが少ない沢ですが、出るときれいなものが多いです。ボウズも多いですが、ひとたびノジュールが見つかると、きれいなアンモナイトが顔を覗かせてくれます。

　ここの特徴種は、ハウエリセラス、テトラゴニテス ポペテンシス、ネオクリオセラスです。

アイヌ沢を遡ると大きなノジュールが転がっていました。

まなければならないからです。羽幌川との合流地点はまだ第三紀なのですから。さらに時代もセノマニアンと書いていましたが、サントニアンからカンパニアンにかけてだと思われます。

■デト二股川

　デト二股川は前述の通り、アイヌ沢からは行けなくなりました。二股ダムを経由していくことになりますが、全線舗装してあり、自転車か歩きでも距離が短いのでそんなにつらくはありません。

　上羽幌から通行止めになっている道道を2kmほど進むと交差点に出ます。正面のゲートがあるところは計画が頓挫した道道上遠別霧立線で、本来なら古丹別川の中流に出るはずでした。今は右の沢の化石産地に行くことしかできません。

　ゲートの前で右に折れて砂利道に入ると羽幌川林道に入っていきますが、4kmほどで道路が決壊しています。すっぽりと決壊していますので自転車も通れませ

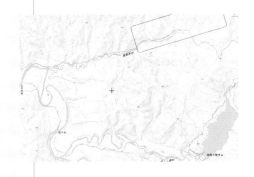

　何かの本にアイヌ沢産のハウエリセラスの完全体が載っていました。産地がアイヌ沢の入り口（羽幌川との合流地点）と書いてありましたが、あれは間違いのようです。というのも、白亜紀層に到達するには、入り口から3kmほど上流に進

ん。いつ修復されるのか、待ち遠しい限りです。

デト二股川までは全行程8㎞、途中にダムの横で急な上りがありますが、峠を過ぎれば後は快適な下り坂です。峠を下りきり、橋を渡るとダム湖の上流に出ます。ここがデト二股川です。

橋を渡ると林道となりますが、左手のデト二股川の水位が低ければ早速川に下りてみましょう。

露頭を覗いてみてください。すぐにノジュールが見つかると思います。テキサナイテスがけっこう見つかる場所ですが、難点は錆びやすいことです。硫黄分が多いようで、ノジュールを割って放置すると錆びてしまいます。ひどいときはこげ茶色になって、ちょっと見苦しくなります。

デト二股川を遡ると、比較的新しい橋が架かっています。北側に続く林道は、アイヌ沢からの林道です。少しアイヌ沢

の方向に進むと、ピッシリ沼という小さな池があります。周囲の木にオジロワシが止まっているときがあり、運がいいと見られるかも知れません。

さらに本流を進むと、川が二手に分かれます。右手をとればピッシリ沢に入り、登り詰めればピッシリ岳の登山口を経て、双竜の滝へと続きます。

ピッシリ沢は化石も多いですし、獣骨が多いように思いました。また、サメの歯もけっこう採集しています。

デト二股川はさらに奥まで続きますが、あまり奥までは行っていません。たくさん採れるとは思いますが、何しろ山奥は心細くてなりません。

左手上流がデト二股川、右手上流に進むとピッシリ沢になります。

■中二股川

中二股川へは、上羽幌からデト二股川に向かう途中、右手に見えるトンネルに入っていきます。これは、国鉄の幻の路線となった「名羽線」のトンネルです。羽幌から山を越えて名寄まで抜ける予定

まっすぐに進むと峠を越えてアイヌ沢に、ポールの手前を右手に進むとピッシリ沢、デト二股川の上流に続きます。

127

でしたが、計画が頓挫して、橋脚やトンネルが残されたものです。トンネルは7つ、もっと奥にはさらにいくつも残っています。

　今から10年ほど前までは、中二股川の上流で玄武岩の採掘が行われ、このトンネルの中をダンプカーが列をなして通っていました。

　こちらがトンネルを通過中にダンプカーに出会ったらどうしようと、びくびくしたのを覚えています。

　名羽線はかなり工事が進んでから中止になっているので、本当にもったいない話ですね。

　明かりのないトンネルを越えていくわけですが、暗いし砂利道だし、途中はぬかるんでいるので、けっこう苦労すると思います。また、ときどきヒグマも通るようですので、トンネルに入るときには大きな音をたててから進んだ方がいいでしょう。

名羽線のトンネル、2018年秋の様子です。まるでラピュタの世界です。こんなトンネルを7カ所も越えなければなりません。

　トンネルを抜けると大きな橋が架かっていますが、本来ならば列車が渡るはずだったところです。

　橋を2つ越えるとすぐに決壊箇所に出ます。1kmほど行くと鉄板の橋があります。そのすぐ先で、左手から林道が合流しますが、先ほどのデト二股川からの林道です。

　そのすぐ先にも鉄板の橋が架かってい

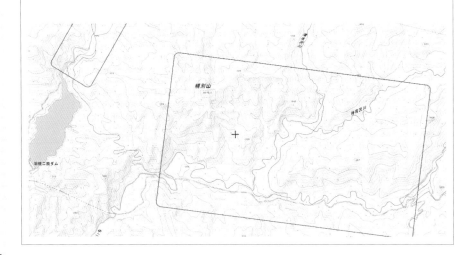

ます。このあたりから上流を歩いてみま
しょう。きっとたくさんのノジュールが
見つかると思います。

　さらにその上流には中二股川本流の
他、清水沢、待宵沢、白地畝沢があり、
時代の違う地層が分布しています。遠い
ので時間に余裕を持たせて行動してくだ
さい。

　白地畝沢の途中から方向を変え、峠を
越えると逆川に行くことができます。

■逆川

　逆川は僕がもっとも好きな化石産地で
す。収穫も多いし、とにかく化石が美し
いので魅力的です。

　逆川はかなり前に車では行けなくなり
ました。以前は大露頭の前に車を横付け
して採集ができました。ノジュールを割
ることはせず、次から次へ車に積み込み、
るんるん気分で帰ったのを覚えています。

　ルートとしては二つあり、一つは羽幌
川林道を遡り、逆川林道に入る方法。も
う一つは、中二股川の上流から峠を越え
て、逆川の上流に入る方法です。どちら
も車では行けませんので、今は歩きか自
転車を使うほかありません。

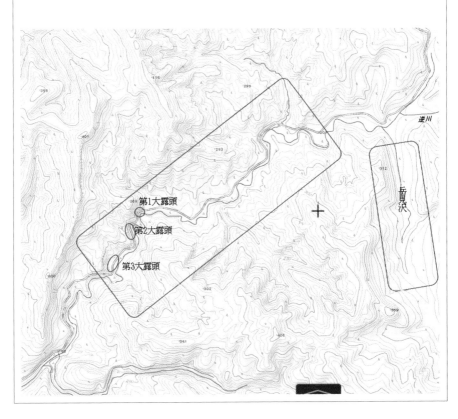

羽幌川林道から行く方法ですが、前述の通り、林道が途中で大きく決壊しているので自転車でも行けません。決壊箇所の手前に自転車を置き、そこからは歩いて目指すことになります。逆川の入り口まで1時間ほどかかりましたが、さらに決壊している可能性もありますので、あまりおすすめできません。

中二股川から峠を越えていく方法では、2020年は途中まで自転車で、あとは歩きで行きましたが、なんと5時間もかかってしまいました。

上羽幌のゲートから二股ダムを越えてデト二股川にいったん出て、さらに峠を越えて中二股川に出ます。そして白地畝沢に入り、途中から方向を変え、峠を越えれば逆川の上流に出られます。大変遠回りなコースですが、一番無難なコースです。峠を3つも越え、途中から歩くことになりますので、相当体力に自信がないと無理でしょう。さらに、帰りはたくさんのノジュールでリュックが重くなる

たくさんのノジュールが見つかりましたが、オウムガイの化石も混じっていました。こんな珍しい化石が転がっているのですから北海道はすごいです。

のですから。

いずれの方向から入っても、林道は決壊しています。上流からのコースで進むと、正面に第1大露頭が眼前に迫ってきます。ここから第2大露頭、第3大露頭と続き、いずれの露頭もたくさんの化石が産出します。

この産地の特徴種は、ハウエリセラス、テキサナイテス、メナイテスの3種類で、僕は羽幌の三点セットと呼んでいます。この3種が同時に産出する場所は少なく、他には、中二股川とアイヌ沢だけです。さらに、ネオクリオセラス、ヘテロプチコセラスも比較的たくさん出てきます。いずれの種もみんなのあこがれとなっています。また、大型アンモナイトが転がっていたことも3回ありましたし、サメの歯もかなり出たと思います。

逆川の化石は保存状態が良くて美しいのですが、なかには、ノジュールの中で

逆川第1大露頭です。高さは数十mあり、ノジュールがたくさん入っています。

ペシャンコになったものや、気室が空洞になったアンモナイトもよく見られます。それはそれで面白いのですが、「あ、やってしまった」と、思わず声が出てしまいます。

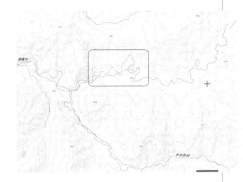

林道に残された真新しいヒグマの足跡。まだ濡れていて、ついさっき通ったのでしょう。どこかでこちらの様子をうかがっているのかも知れません。

■羽幌川

羽幌川については、かなりの遠距離を歩く必要があること、大規模な決壊や斜面崩壊で、完全に林道が埋まっていることから、行くのは不可能に近いでしょう。

2017年の秋に自転車と歩きで上流まで行きましたが、何年も車が通っていないと林道は荒れ放題です。小さな沢のところはたいてい道路が決壊していました。ヒグマの真新しい足跡もいっぱいです。さらに、路面にはシラカバの木も生えており、とても歩きにくかったのを覚えています。

あのときは逆川に行って時間が余ったので十分に考えて決行したのですが、大変な思いをしました。

逆川の入り口から少し行ったところで大規模な崩落があり、もう何年も放置されています。100m以上林道が埋まっていて、山のようになっています。手前に自転車を置き、ここから歩きとなります。

羽幌川の一番近いポイントまでは逆川の入り口から6kmほどあるので、1時間半ほどかかってようやく2時頃に到着しました。季節は秋、日が短くなったので、急いで帰らないと心細いです。結局現地では1時間ほどしか採集活動ができませんでした。

また同じ道を歩いて戻り、さらに自転車を飛ばして上羽幌の車まで帰ったときには、もう真っ暗でした。もう怖かったのなんの、しかも疲れてふらふらになりました。

宿に戻ったのは7時くらいだったでしょうか。行って良かったけれど、ちょっときつくて怖い巡検でした。早く昔のように車まで入りたいものです。

白亜紀　　　第三紀

羽幌川はこのあたりから奥が白亜紀層になっています。ポリプチコセラス、ハウエリセラスの多い場所ですが、残念ながら、柔らかいところが流れてしまい、ノジュールは出なくなってしまいました。

崖下に転がっていたノジュールを割ると虹色をしたハウエリセラスが出てきました。

【コラム】歴代の相棒たち

林道を自転車で走ることが多いので、歴代の自転車を紹介しましょう。

ワッカウェンベツ川にて
■ Bridgestone
　ユーラシア
　45年前の自転車だが今でも現役だ。

清水沢にて
■ Hammer FDB268
2011.12.9

羽幌川林道にて
■名もなき
Mountain bike
2003.5.5

逆川の入り口にて
■コールマン
キャンパー 2618F
2013.4.23

中二股川のトンネルにて
■マイパラス
M60-B
2010.2.17

恵の沢にて
■ドッペルギャンガー
901
2014.3.26

■右の沢

　羽幌川の西側にも白亜紀層が分布しています。

　右の沢の入り口までは、上羽幌のゲートから数km程度ですので、自転車でも歩いてでも容易に行けます。しかも舗装してある広い道路を進むので、なんといってもヒグマの怖さは少し和らぎます。

　上羽幌の四つ辻からゲートのある道道を直進して約1時間で右の沢に入ります。林道が切れるところからジャブジャブと川の中を進みます。ハウエリセラスやメナイテスなどが見つかると思います。

　ただ、ノジュールは亀甲石になったものが多いように感じました。亀甲石の中にもけっこう入っているのですが、化石に模様がかかると、ちょっとずれてしまいます。

　いずれにせよ、現在、羽幌地域では一番行きやすい化石産地ではないでしょうか。

奥まで行くと、第三紀層になります。

苫前町 古丹別川水系

　苫前町を流れる古丹別川は、白亜紀層の分布範囲も広く、きれいな化石がたくさん産出する場所だと思っています。ノジュールも比較的柔らかく、採集後のクリーニングもやりやすいのが特徴で、僕のお気に入りの産地の一つとなっています。

■オンコ沢

　最初にオンコ沢ですが、なんと言ってもポリプチコセラスがたくさん採れることです。まずボウズはないでしょう。しかも、ポリプチコセラスの完全体がかなりの確率でねらえます。さらに、サメの歯も多く産出し、もうすでに45回も巡検しています。

　オンコ沢林道を4kmほど進んだところが産地ですが、残念ながらこの林道も荒れ放題で、ゲートから歩きになります。

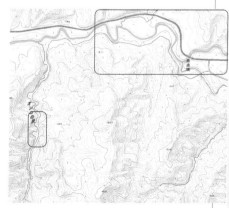

アンモナイト産地の紹介　道北編

133

林道に入ってすぐ幌立橋がありますが、この橋も橋脚が危ういことになっています。いずれ橋脚の下の岩盤が崩れ、橋が崩れ落ちるのではと心配しています。今のうちに手を打っておかないと取り返しのつかないことになりそうです。

林道は少しのあいだ幌立沢沿いを通り、しばらくすると古丹別川本流沿いとなります。入り口から500mほど進むと、道路脇に露頭が現れます。砂岩からなりますが、よく見るとノジュールになっているところもあり、無視はできません。ちなみにすぐ近くの砂岩の岩盤から、80cmもあるアンモナイトを見つけましたし、そのとなりからは大きなオウムガイも出ています。

さらに50mほど進むと、軟弱地盤の

オンコ沢に続く林道です。入り口から産地まで4kmほどありますが、途中にも何カ所か採集ポイントがあるので楽しい場所です。

ところに出ます。このあたりはノジュールが多く、インターメディウム（42頁）が産出したところです。他には大きなユーパキディスカスがいくつも見つかったほか、ハイファントセラスやフィロパキ

オンコ沢の産地

セラス、テトラゴニテス、ゴードリセラスが多く産出します。

　3kmほど進むとオンコ沢に入り、さらに1kmほど進むと大きな露頭が現れ、崖の中にノジュールがたくさん見られます。このあたりから上流が白亜紀層になります。

　ある本ではこの露頭は第三紀層だと書いてありましたが、化石は少ないものの、わずかにイノセラムスが出てきますので白亜紀層のようです。

　さらに進み、沢を一本越えるとまた露頭が現れます。この露頭付近と沢の上下流が一番化石の濃いところだと思います。沢に下りて探してみてください。

オンコ沢に続く林道を歩いていると、大きなノジュールが目にとまりました。ガツンと割ってみると、インターメディウムが出てきました。大きさは長径35cmもあります。

　林道脇に小さな滝がありますが、その滝の壁面にもたくさんノジュールが見られ、たいていポリプチコセラスが入っています。その先は100mほど白亜紀層が

続き、さらにその奥は第三紀層となるようです。

　オンコ沢林道も廃道化してしまい、路面には木が生えだし、非常に歩きにくくなっています。先が見えないので、くれぐれもヒグマには注意が必要です。

■古丹別川本流

　古丹別川本流に沿って国道が走っているので、このあたりは北海道の中でも一番化石が採りやすいところです。分布範囲も広く、全部見ようとすれば何日もかかります。

　熊追い橋から古丹別川に下り、上流に向かって川の中を歩きます。次の岩泉橋までとりあえず歩くと露頭も多く、大量のノジュールが採れるでしょう。フィロパキセラスがたくさん産出するところです。

　ここだけでおよそ3時間はかかるでしょう。いったん国道に出て、車まで戻ら

熊追橋上流の露頭です。この露頭は橋の上からよく見え、モミジソデガイがよく出ます。橋の欄干にオオワシやオジロワシがとまっていることがあります。

なくてはなりません。

　1人だとこれが大変ですね。3時間かかったところも、国道だったら15分で歩けます。それだけ川がくねくねと曲がっているのです。

　岩泉橋から先も何回かに分けて探索するといいでしょう。上流に行くにつれて、

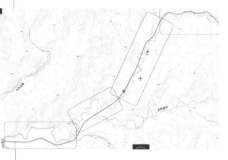

夏、古丹別川の水位は低くなり、岩盤が広く露出して、ノジュールが飛び出していることがあります。このノジュールにもポリプチコセラスが入っていました。

時代は古くなっていきます。途中から古丹別川は右に分岐し、まっすぐ国道に沿って進むと二股川になり、霧立峠の方向に近づきます。

　霧立峠の向こう側は幌加内町になり、時代も違うので違った種類のアンモナイトが採れるようですが、なぜか一度も行ったことはありません。いずれは足を延ばして探索したいものです。

■上の沢

　上の沢は地形図上では熊の沢川と書いているときもあります。入り口から1.5kmほど上流に進んだあたりの右岸に大きな沢があり、そこから200mほど入ったところが一つのポイントです。西側に大露頭が続きますが、けっこうノジュールが埋まっています。

　ただ上の方は傾斜がきつく、しかも滑りやすいので注意が必要です。特に地面

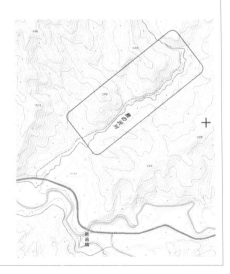

が濡れているときは急な斜面を下まで滑り落ちてしまいます。僕は野球のスパイクシューズを持っていきます。幅広のスパイクなので、グリップは抜群です。

相当古い露頭のようで、かなり上の方まで土で覆われていて、土の中に埋まっているノジュールを探します。下草が生えやすく、6月以降はやめておいた方が無難です。きっと泣くでしょう。

この沢の特徴は、テキサナイテス、ハイファントセラス、そして珍しいハボロセラスがかなりの確率で産出することです。ただ、少しノジュールの量が少ないようです。他の人はこの沢よりもさらに上流の方まで探索するようですが、心細いので僕この辺までです。

■幌立沢

幌立沢は化石の多いところです。下流からどんどんと遡っていきますが、大きな露頭がいくつもあり、圧倒されます。

ただ、大きな露頭は下部が削られて傾斜がきついので、登ることはできません。比較的小さな露頭の方が探しやすそうです。

旧道近くのお気に入りの露頭は、メナイテスの崖と呼んでいて、けっこうな確率で大きなノジュールが見つかり、メナイテスやテトラゴニテス、フィロパキセラスの密集したものが見つかります。

この沢は長くて、しかもノジュールの多いところですので、何回かに分けて入った方がよさそうです。途中で幌立沢（大曲沢川と書いている場合があります）と山口沢に分かれます。

幌立沢の林道に入っていきます。道路が決壊していて通れないかも知れませんが、比較的距離が短いため歩いても30分程度で行けます。

橋を渡り、しばらく進むと大規模な斜面崩壊で林道が埋まっていますし、その

融雪により濁流が渦巻いています。春先、天気が良くて気温が上がると、雪解けが一気に進み、川はご覧のように濁流となります。化石採集はタイミングが良くないと話になりません。

川岸にノジュールを見つけました。このノジュールからは自由巻きのアンモナイトがたくさん出てきました。

先も2カ所決壊しています。

この付近の上下流でノジュールが見つかるのですが、大雨のたびに流れが変わり、風景が大きく変わることが多々あり

ます。以前たくさんノジュールが出た露頭も流されてしまい、まったく何も出なくなりました。

北海道ではこんなことはよくあることで、何千年、何万年という時間を考えると、昔と今はまったく違う風景になっているのではないでしょうか。

小平町 小平蘂川水系

■アカの沢

アカの沢は霧平峠の南西側を流れる比較的小さな沢です。トンネルから1kmほど下ったところに車を止めて沢に下りてみましょう。

けっこうノジュールはあるのですが、

【コラム】ヒグマの話

僕が山中でヒグマに出会ったのはたった一度、今から数年前、小平町の三の沢でのことです。

林道を進んでいたのですが、前方の笹藪から一匹のヒグマが出てきました。50mくらいの距離です。

遠目に見ると大人になる手前くらいの大きさで、耳が丸かったのが一番の印象です。僕が大きな音を立てたため、あわてて藪の中に消えていきましたが、こちらもずいぶんとあわてました。

本格的に北海道に通い始めて35年、ヒグマにあったのはこの一度だけですが、足跡を見るのはほぼ毎回のことで、35年前とは大きな違いです。以前はそんなに足跡も見ることはなく、極度に不安がることはありませんでした。しかし、今は違います。山に入るときは覚悟が必要です。

1990年頃には、北海道全体で約3,000頭のヒグマがいると聞いていました。2015年に道庁が公表した資料では、1990年が5,800±2,300頭、2012年が10,600±6,700頭となっています。

僕の肌で感じる頭数の増加と一致しますが、これに異論を唱える人もいて、いずれ絶滅が心配されると言っています。

ちなみに僕が行く天塩山地だけをとってみると、1990年が300±200頭、2012年が1,000±700頭と言われています。

あまり化石は入っていません。かなり上流まで行くと、直径50cmほどの大きなノジュールが固まって出るところがあり、その中から化石が出ます。

　ここの特徴は、テキサナイテス、ヘテロプチコセラスが多いことです。また、サントニアンのユーボストリコセラスが出ることです。

■小平蘂川本流域

　小平蘂川は大きな川です。最上流からダムの下流付近まで白亜紀の地層が分布しています。

　ダムができる以前に一度だけ訪れたことがあります。川上というところに更正橋という橋がありましたが、その橋のたもとでテントを張ってキャンプしたことがあります。今から思うと怖いもの知らずですね。

　テントの下の転石からきれいなテトラ

ゴニテスが出てきたのを思い出します。また工事現場にアンモナイトの密集化石が転がっていたのもラッキーでした。

　更正橋はその後、200mほど下流に架け替えられました。

　旧更正橋付近から上流に300mくらい進むと、右岸に小さな沢が流れ込んでいます。この沢はアラキの沢といって、今から35年ほど前に入ったことがあり、初めて入った小平蘂川の産地ですので、大変思い出深いところです。

　何分昔のことなのではっきりとは思い出せませんが、夏の暑い時期に防虫ネットをかぶって入山したこと、真夏の太陽がまぶしかったことを覚えています。

　アラキの沢では、小さいながらきれいなゴードリセラスと、大きなポリプチコセラスを採集し、今でも大事に保管してあります。

　今度は新しい更正橋から下流を探してみましょう。露頭が続き、たくさんのノジュールが顔を出しています。途中には

更正橋の上流にアラキの沢があります。赤いリュックのすぐ左手が入り口です。

鉄道の橋脚が残っていて、往時を忍ばせてくれます。この先も露頭は点々と続き

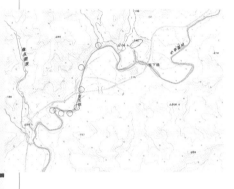

新しい更生橋で、この上下流を探索すると収穫は大きいです。

ますので、上記念別川の入り口あたりまで探索するといいでしょう。

■上記念別川・佐藤の沢

上記念別川は有名かつ人気のあるところです。いつ行っても一台は車が止まっていて、「いるな！」と横目で見るくらいです。場所が重なってもまずいので、このときに入るところを考えることになります。一度しか行ったことがないのですが、まず砂金沢とペンケ沢を紹介しま

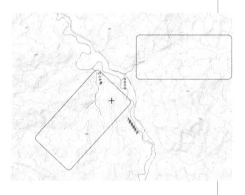

砂金沢へは道道にかかる砂金沢橋から遡ります。

す。

　砂金沢は上記念別川の道道を遡ったところにあります。たいていゲートが閉まっていますので、佐藤の沢の入り口手前から歩くことになります。ゲートから砂金沢の入り口までは4kmほどの距離で、歩いておよそ1時間の道程です。

　砂金沢から本流に戻り、しばらく下ると左岸にパンケ沢の入り口があります。ここをどんどんと遡ると収穫は堅いでしょう。

　パンケ沢から上記念別川の本流を露頭を探しながら下るのも楽しいです。露頭は多いですが、水量の少ないときは河床にも注意を払うといいでしょう。何も出ないところも多いものの、くまなく探せば何かしら採れるはずです。

　さらに下ると佐藤の沢の入り口です。ここは、ニッポニテスの採れるところとして有名になってしまい、沢の転石はことごとく割られているし、露頭も少ない

化石発見!　河床の岩盤を探していたら、アナゴードリセラスが見つかりました（41頁参照）。

佐藤の沢の入り口です。道道の橋の手前に林道の入り口がありますが、車は奥には進めません。橋から降りて上流を探すのがよいでしょう。

のであまり好きではありません。しかし、一度くらいは歩いてみるのもいいでしょう。

■中記念別川

　中記念別川もニッポニテスが採れるところとして有名です。特に下流域が有望ですが、ダムの水位が上がり、しかも泥が堆積してしまっているので、あまり下流は難しいでしょう。適当なところで探

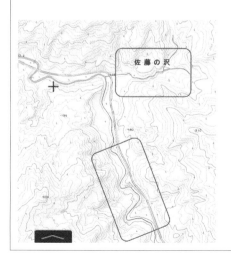

佐藤の沢

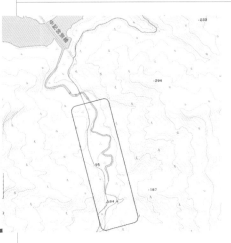

索するのがいいでしょう。

■天狗橋上流

小平ダムの下流近く、農家の先に天狗橋があり、その300mほど上流に露頭が続きます。コニアシアンの地層で、大きなメソプゾシア、エゾセラス、スカラリテス、スカフィテス、アナゴードリセラスといった、比較的産出の少ない化石が出ます。

とにかくノジュールの多いところですが、化石の含まれる石は少ないです。それでも硬い石を割ると、それなりの成果は上げられそうです。

特にリヌパルスが採れるそうで、僕も何度も挑戦しているのですが、まだ一度もお目にかかったことはありません。

前述の通り、ノジュールに化石が入っているのはごくわずかなので、ボウズのときも多いのです。

天狗橋のすぐ上流はかなり広く露頭が続いていますが、上流の方が良さそうです。

■下記念別川石炭内沢・三の沢

下記念別川にも産出地が2カ所あります。石炭内沢と三の沢です。

数寄屋橋のすぐ北側から林道に入ります。石炭内沢は露頭が少なく、主に沢の河床を探すことになります。友人が河床で大きなメソプゾシアを見つけたことがあります。

三の沢は田中橋の北側から入ります。途中で二手に分かれますが、左側に進み

ます。すぐに道路が決壊しているので、ここから歩きとなります。さらに進むともう一度二手に分かれ、ここも左手に進みます。途中に滝があり、この付近から上流がポイントです。

この三の沢で初めてヒグマに出会い、あわてたことを思い出します。ヒグマの多い沢です。

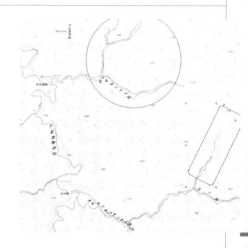

全国の化石産地を訪ねて——日本一周自転車旅行

1971年の5月から10月と1972年の6月から9月にかけて、2回に分けて、自転車で日本一周をしました。

目的は、「全国の有名な化石産地を見て歩く」こと。当時は道路事情も悪く、大変な思いをしましたが、たくさんの化石産地を訪れ、化石もたくさん採集しました。

5月21日に彦根の自宅を出発し、6月4日に北海道に渡りました。函館から渡島半島をぐるっと回り、札幌を経由してついに三笠市までやってきました。三笠では大きな目的があったのです。

その年だったでしょうか、新聞にアンモナイトの記事が載っていました。三笠市に住む村本辰雄さんの記事です。

村本さんは炭鉱で働いておられ、昼間はせっせとアンモナイトを採集し、夜は炭鉱で石炭を掘る仕事をされていたそうです。新聞で三笠市はアンモナイトの出る町と紹介されていました。それなら行かねばなりません。

三笠市に着き、弥生町というところにやってきました。まず交番に向かい、「すみません、アンモナイトの村本さんのお宅はどこですか」と。そして教わった村本さん宅で、「こんにちは、化石を見せてほしくて滋賀県からやってきました。自転車で」。

突然の訪問にもかかわらず、村本さんの息子さんが快く招き入れてくれました。村本さん本人は留守だったようです。滋賀県から遠く離れた北海道まで自転車でやってきたのですから、むげに断れなかったのでしょう。自宅にはアンモナイトやオウムガイ、倉庫の中もいっぱいでした。そしてアンモナイトが採れそうなところを地図に描いてもらい、それを頼りに桂沢湖に向かいました。

当時はまだ現在の長い覆道はありませんでした。ダムのすぐ下流の斜面には、道路を削ったときに出た転石がいっぱい転がっていました。自転車を置き、道路下の斜面を探索してみました。二枚貝や巻貝、そして初めてとなるアンモナイトが見つかったのです。

ここの岩質は砂質の頁岩といった感じで、岩盤から直接アンモナイトが出てきました。初めてのアンモナイトは、マンテリセラスという種類のようです。にやにやしながら急な坂道を、自転車を押しながら桂沢湖に向かいました。そして桂沢湖の国設キャンプ場にテントを張ったのですが、時期が時期だけにものすごいヤブ蚊の大群に襲われたのです。本州のヤブ蚊とは比べものにならないくらいの大きなヤブ蚊です。北海道はすごいです。

翌朝、村本さんに描いてもらった地図を頼りに、菊面沢と呼ばれる沢に向かいました。ダムの上からは、菊面沢はすぐそこに見えているのですが、何しろ紅葉の葉っぱのような形をしたダム湖なのでとても遠かったです。

何とか沢に着きましたが、沢に降りたとたんにまたもや猛烈なヤブ蚊の襲撃に遭いました。とてもではないですが、採集どころではありません。目も開けていられないくらいですから。おまけに雨も降りだす始末です。

沢の入り口近くで、ポリプチコセラスの住房の中に入っていた小さなイノセラムスの化石を手にしただけで、そそくさと退散しました。

でも満足でした。初めての北海道で、自分の手でアンモナイトを採集することができ、とてもうれしかったです。それが最初の話です。

2回目の北海道はそれから6年後、県庁に勤めていたときのことです。ゴールデンウィークを利用し、今度は周遊券を使って列車で行きました。このときも三笠市の桂沢湖です。

ここでは営林署の人にジープに乗せてもらって熊追沢に行きました。5月の初めなので、まだ雪はたっぷりと残っていました。営林署の人にアンモナイトの探し方を教えてもらい、沢を覆い尽くした残雪の上で無事にゲットしました。

岩見沢から電車に乗り、次に中川町の佐久に向かいました。中川町もアンモナイトが採れるところとして有名な場所でしたし、何しろ国鉄が通っていたので巡検の候補地に挙げました。とはいえ、こちらは歩きなのであまり遠くへは行けません。

佐久の町から天塩川にかかる橋を渡り、安平志内川沿いを少し先に進み、十間沢というところに入ってみました。小さな沢でしたが、それでもノジュールがいくつか見つかりました。

そして、破片ではあったけれど、またもやマンテリセラスが見つかったのです。さほど大きな収穫はなく、佐久の駅に戻る途中、自転車に乗った小学生の2人組と話をしました。

「アンモナイトを採りに来たんだけれど、こんなのしか採れなかったよ」「メンコイね」僕にはかわいいアンモナイトだねという慰めの言葉に聞こえました。

佐久の駅で列車を待っていると、先ほどの小学生が再び自転車でやってきました。手にはアンモナイトがいくつか。「これ、あげる」と言って去って行きました。

アンモナイトよりも、その子の優しい気持ちがとてもうれしかったです。遠いところから列車でやってきて、採れたアンモナイトがあまりにもちっちゃいので可哀想だと思ったのでしょうね。本当に優しい「ケンちゃん」という子でした。

3度目の北海道巡検はそれから6年後の、1983年7月のことです。社会保険事務所の後輩と意気投合して、今度は飛行機で行くことになったのです。千歳からレンタカーを使い、桂沢湖、中川町、浦河町と、3カ所を回りました。

3度目となると収穫は格段に良くなりました。何しろ車なので、行けるところまで行けるのですからね。

4度目は初めて自分の車で行きました。1987年のことです。このときも桂沢湖と、小平町、中川町に行きました。

それから今日まで、毎年北海道に通っています。

初めて北海道に行ってから50年、半世紀という長い時間が経ちましたが、今でも続いているのでそんなに長くは感じません。いったいいつまで続けられるでしょうね。

アンモナイトを展示している博物館や資料館

2021 年 1 月現在

■中川町エコミュージアムセンター
　〒 098-2625　北海道中川郡中川町字安川 28-9
　TEL：01656-8-5133　　FAX：01656-8-5134
　開館時間：9:30 〜 16:30
　休 館 日：月曜日（冬期は土曜日・日曜日・祝日）、年末年始（12/29 〜 1/7）

■羽幌町郷土資料館
　〒 078-4122　北海道苫前郡羽幌町南町 20 番地の 1
　TEL：0164-62-4519
　開館時間：10:00 〜 16:00
　開館期間：5/1 〜 10/31
　休 館 日：月曜日

■小平町文化交流センター
　〒 078-3301　北海道留萌郡小平町字小平町 356-2
　TEL：0164-56-9500
　開館時間：9:00 〜 22:00
　休 館 日：年末年始

■沼田町化石館 「化石体験館」
　〒 078-2225　北海道雨竜郡沼田町幌新 381-1 （幌新温泉向かい）
　TEL・FAX：0164-35-1029
　開館時間：9:00 〜 16:00
　開館期間：4/29 〜 11/3
　休 館 日：月曜日、祝日の翌日

■三笠市立博物館
　〒 068-2111　北海道三笠市幾春別錦町 1 丁目 212-1
　TEL：01267-6-7545　　FAX：01267-6-8455
　開館時間：9:00 〜 17:00 （入館は 16:30 まで）
　休 館 日：月曜日 （祝日の場合は翌日）
　　　　　　冬期間の祝日 （12 月〜 3 月）、年末年始 （12/30 〜 1/4）

■北海道博物館
　〒 004-0006　北海道札幌市厚別区厚別町小野幌 53-2
　TEL：011-898-0466　　FAX：011-898-2657
　開館時間：5 月から 9 月 9:30 〜 17:00 （入館は 16:30 まで）
　　　　　　10 月から 4 月 9:30 〜 16:30 （入館は 16:00 まで）
　休 館 日：月曜日 （祝日・振替休日の場合は翌平日）
　　　　　　年末年始 （12/29 〜 1/3）、ほか臨時休館あり

■札幌市博物館活動センター

〒062-0935　北海道札幌市豊平区平岸5条15丁目1-6
TEL：011-374-5002　　FAX：011-374-5014
開館時間：10:00 〜 17:00
休 館 日：日曜日、月曜日、祝日、年末年始（12/29 〜 1/3）

■むかわ町穂別博物館

〒054-0211　北海道勇払郡むかわ町穂別80番地6
TEL：0145-45-3141
開館時間：9:30 〜 17:00（入館は16:30まで）
休 館 日：月曜日、祝日の翌日、年末年始

■夕張市石炭博物館

〒068-0401　北海道夕張市高松7番地
TEL：0123-52-5500　　FAX：0123-52-5566
開館時間：4から9月 10:00 〜 17:00
　　　　　10月から 10:00 〜 16:00
　　　　　（入館は閉館30分前まで）
休 館 日：火曜日

■浦河町郷土博物館

〒057-0002　北海道浦河郡浦河町字西幌別273番地1
TEL：0146-28-1342　　FAX：0146-28-1344
開館時間：9:00 〜 16:30
休 館 日：月曜日、祝日、年末年始（12/30 〜 1/5）

■スリーエム仙台市科学館

〒981-0903　宮城県仙台市青葉区台原森林公園4番1号
TEL：022-276-2201　　FAX：022-276-2204
開館時間：9:00 〜 16:45（入館は16:00まで）
休 館 日：月曜日（祝・休日の場合は翌日）
　　　　　祝・休日の翌日（土・日曜日・休日・10月の第2月曜の翌日を除く）
　　　　　年末年始（12/28 〜 1/4）、毎月第4木曜日（12月・休日は除く）

■いわき市石炭・化石館 ほるる

〒972-8321　福島県いわき市常磐湯本町向田3-1
TEL：0246-42-3155　　FAX：0246-42-3157
開館時間：9:00 〜 17:00（入館は16:30まで）
休 館 日：第3火曜日（祝日・振替休日の場合は翌日）、1/1

■いわき市アンモナイトセンター

〒979-0338　福島県いわき市大久町大久字鶴房147-2
TEL：0246-82-4561　　FAX：0246-82-4468
開館時間：9：00 〜 17：00（入館は16：30まで）
　　　　　月曜日（祝日の場合は翌日）、1/1

■ミュージアムパーク茨城県自然博物館

〒306-0622　茨城県坂東市大崎700
TEL：0297-38-2000　　FAX：0297-38-1999
開館時間：9:30 〜 17:00（入館は16:30まで）
休 館 日：月曜日（休日の場合は翌日）、年末年始

■群馬県立自然史博物館

〒370-2345　群馬県富岡市上黒岩1674-1
TEL：0274-60-1200　　FAX：0274-60-1250
開館時間：9:30 〜 17:00（入館は16:30まで）
休 館 日：月曜日（祝日の場合は翌日）、年末年始

■国立科学博物館

〒110-8718　東京都台東区上野公園7-20
TEL：050-5541-8600
開館時間：9：00 〜 17：00（入館は16：30まで）
　　　　　金曜日・土曜日　9：00 〜 20：00（入館は19：30まで）
休 館 日：月曜日（祝日の場合は火曜日）、年末年始（12/28 〜 1/1）
　　　　　特別展開催中は休館日が変更になることがあります。

■千葉県立中央博物館

〒260-8682　千葉県千葉市中央区青葉町955-2
TEL：043-265-3111　　FAX：043-266-2481
開館時間：10:00 〜 16:30（入館は16:00まで）
休 館 日：月曜日（休日の場合は翌平日）、年末年始（12/28 〜 1/4）

■神奈川県立生命の星・地球博物館

〒250-0031　神奈川県小田原市入生田499
TEL：0465-21-1515　　FAX：0465-23-8846
開館時間：9:00 〜 16:30（入館は16:00まで）
休 館 日：月曜日（祝日・振替休日の場合は翌平日）
　　　　　館内整備日（8月を除く、原則として毎月第2火曜日、12月・1月・2月の
　　　　　火曜日）、年末年始、燻蒸期間
　　　　　国民の祝日等の翌日（土曜日、日曜日または国民の祝日等にあたるときを除く）
　　　　　※このほかに臨時開館日、休館日があります。

■おがの化石館
　　〒368-0101　埼玉県秩父郡小鹿野町下小鹿野453
　　TEL：0494-75-4179
　　開館時間：9:00 〜 17:00（入館は16:30まで）
　　休 館 日：火曜日、年末年始

■フォッサマグナミュージアム
　　〒941-0056　新潟県糸魚川市大字一ノ宮1313
　　TEL：025-553-1880　　FAX：025-553-1881
　　開館時間：9:00 〜 17:00（入館は16:30まで）
　　休 館 日：12月〜 2月の月曜日・祝日の翌日、年末年始（12/28 〜 1/4）

■伊豆アンモナイト博物館
　　〒413-0235　静岡県伊東市大室高原10-303
　　TEL & FAX：0557-51-8570
　　開館時間：10：00 〜 17：00
　　休 館 日：火曜日・水曜日（シーズン中除く）

■東海大学自然史博物館 恐竜のはくぶつかん
　　〒424-8620　静岡県静岡市清水区三保2389
　　TEL：054-334-2385　　　FAX：054-335-7095
　　開館時間：9:00 〜 17:00（入館は16:30まで）
　　休 館 日：火曜日（祝日の場合は営業）、年末、館内整備日
　　　　　　　　※正月、春休み、ゴールデンウィーク期間および7月、8月の火曜日は開館

■奇石博物館
　　〒418-0111　静岡県富士宮市山宮3670
　　TEL：0544-58-3830　　　FAX：0544-58-5061
　　開館時間：9:00 〜 16:30（入館は16:00まで）
　　　　　　　　※1/1 〜 1/3は10:00より開館
　　休 館 日：水曜日（祝日の場合は木曜日）
　　　　　　　　年末休館日（12/21 〜 12/31）、冬季休館日（1/25 〜 1/29）
　　　　　　　　※7/20 〜 8/31は毎日開館

■豊橋市自然史博物館
　　〒441-3147　愛知県豊橋市大岩町大穴1-238（豊橋総合動植物公園内）
　　TEL：0532-41-4747　　　FAX：0532-41-8020
　　開館時間：9:30-16:30（入館は16:00まで）
　　休 館 日：月曜日（祝日・振替休日の場合は翌平日）、12/29 〜 1/1

■信州新町化石博物館

　〒381-2404　長野県長野市信州新町上条88-3
　TEL：026-262-3500　　FAX：026-262-5181
　開館時間：9:00 〜 16:30（入館は16:00まで）
　休 館 日：月曜日、祝休日の翌日（月曜日が祝休日の場合は翌日）
　　　　　　※このほかに臨時休館・特別開館などがあります。

■福井市自然史博物館

　〒918-8006　福井県福井市足羽上町147
　TEL：0776-35-2844　　FAX：0776-34-4460
　開館時間：9:00 〜 17:15（入館は16:45まで）
　休 館 日：月曜日（祝休日の場合は開館）、祝休日の翌日（土・日曜日の場合は開館）、
　　　　　　年末年始（12/28 〜 1/4）

■和泉郷土資料館

　〒912-0205　福井県大野市朝日25-7
　TEL：0779-78-2845
　開館時間：平日　9:00 〜 16:00
　　　　　　日曜日・祝日　9:00 〜 17:00
　休 館 日：月曜（祝日の場合は翌日）、祝日の翌日
　　　　　　年末年始（12/27 〜 1/4）、館内整理の期間

■大阪市立自然史博物館

　〒546-0034　大阪府大阪市東住吉区長居公園1-23
　TEL：06-6697-6221　　FAX：06-6697-6225
　開館時間：3月から10月　9:30 〜 17:00（入館は16:30まで）
　　　　　　11月から2月　9:30 〜 16:30（入館は16:00まで）
　休 館 日：月曜日（休日の場合は翌日）、年末年始（12/28 〜 1/4）

■きしわだ自然資料館

　〒596-0072　大阪府岸和田市堺町6番5号
　TEL：072-423-8100　　FAX：072-423-8101
　開館時間：10:00 〜 17:00（入館は16:00まで）
　休 館 日：月曜日、祝日・休日の翌日
　　　　　　毎月末日（12月は28日、土曜日・日曜日・祝日は開館）
　　　　　　敬老の日の前日と前々日（だんじり祭り）
　　　　　　年末年始（12/29 〜 1/3）、展示替期間（臨時休館）

■兵庫県立 人と自然の博物館

〒669-1546　兵庫県三田市弥生が丘6丁目
TEL：079-559-2001　FAX：079-559-2007
開館時間：10:00 ～ 17:00（入館は16:30まで）
休 館 日：月曜日（祝日・休日の場合は翌日）、年末年始、冬期メンテナンス休館
　　　　　※春休み・夏休み及びゴールデンウィーク期間中は休まず開館。

■和歌山県立自然博物館

〒642-0001　和歌山県海南市船尾370-1
TEL：073-483-1777　　FAX：073-483-2721
開館時間：9:30 ～ 17:00（入館は16:30まで）
休 館 日：月曜日（祝日・振替休日の場合は翌平日）、年末年始（12/29 ～ 1/3）

■美祢市立秋吉台科学博物館

〒754-0511　山口県美祢市秋芳町秋吉11237-938
TEL：0837-62-0640　　FAX：0837-62-0324
開館時間：9:00 ～ 17:00
休 館 日：月曜日（祝日の場合は翌日）、年末年始（12/28 ～ 1/4）

■徳島県立博物館

〒770-8070　徳島県徳島市八万町向寺山（文化の森総合公園）
TEL：088-668-3636　　FAX：088-668-7197
開館時間：9:30 ～ 17:00
休 館 日：月曜日（祝日・振替休日の場合は火曜日）
　　　　　年末年始（12/29 ～ 1/4）
　　　　　5月3日または4日が月曜日の場合は5月6日が休館
　　　　　※このほか必要に応じて休館することがあります。

■佐川町立佐川地質館

〒789-1201　高知県高岡郡佐川町甲360番地
TEL：0889-22-5500
開館時間：9:00 ～ 17:00（入館は16:30まで）
休 館 日：月曜日（祝日の場合は翌日）、年末年始（12/29 ～ 1/3）

■横倉山自然の森博物館

〒781-1303　高知県高岡郡越知町越知丙737番地12
TEL：0889-26-1060　　FAX：0889-26-0620
開館時間：9:00 ～ 17:00（入館は16:30まで）
休 館 日：月曜日（祝日の場合は翌日）、12/29 ～ 1/3

■北九州市立いのちのたび博物館［自然史・歴史博物館］

　〒 805-0071　　福岡県北九州市八幡東区東田 2-4-1
　TEL：093-681-1011　　FAX：093-661-7503
　開館時間：9:00 ～ 17:00（入館は 16:30 まで）
　休 館 日：年末年始、毎年 6 月下旬頃（害虫駆除）

■天草市立御所浦白亜紀資料館

　〒 866-0313　　熊本県天草市御所浦町御所浦 4310-5
　TEL：0969-67-2325　　FAX：0969-67-2359
　開館時間：8:30 ～ 17:00（入館は 16:30 まで）
　　　　　　　※特別展期間は 9:00 開館
　休 館 日：月曜日（祝日の場合は翌平日）、年末年始（12/29 ～ 1/3）
　　　　　　　※夏の特別展期間中は無休

■沖縄県立博物館

　〒 900-0006　　沖縄県那覇市おもろまち 3 丁目 1 番 1 号
　代表 TEL：098-941-8200　　FAX：098-941-2392
　開館時間：火・水・木・日　　9:00 ～ 18:00（入館は 17:30 まで）
　　　　　　　金・土　　　　　9:00 ～ 20:00（入館は 19:30 まで）
　休 館 日：月曜日（祝日及び振替休日または慰霊の日の場合は翌平日）
　　　　　　　メンテナンス休館、年末年始（12/29 ～ 1/3）
　　　　　　　※休館日は変更することがあります。

博物館活動とアマチュアの連携
──多賀町立博物館の場合

小さな町の大事件

　多賀町は滋賀県の琵琶湖東部にある人口 8,000 人足らずの小さな町です。山林面積が 8 割以上を占める緑豊かなこの町に大事件が起こったのは、1993 年 3 月の下旬のことでした。当時、進められていた工業団地の造成工事現場から、約 180 万年前に日本列島に生息していたアケボノゾウの化石が発見されたのです。発見の発端から全身の骨格化石が発掘されるまで約 1 カ月を要しましたが、この間多くの方々の情熱と幸運が織り合わされながら起きた大事件でした。多賀町立博物館は、出土したアケボノゾウの化石の保存と展示を行い、地域の誇りとして次世代へ継承していくことを目的として 1999 年に開館しました。

　博物館は図書館とともに、発見されたアケボノゾウから名付けられた「あけぼのパーク多賀」の施設の中にあります。

　館のホールには、アケボノゾウが古代のゾウを研究する古生物学者たちによって組み立てられ、全身復元骨格として堂々と展示されています。また、中庭では骨の産状がジオラマとして展示されています。そして、目玉はなんといっても、常設展示室にある、全長 3m のアケボノゾウの実物標本です。

　ところで、アケボノゾウ化石の発見よりさらに約 80 年も昔から、多賀町はゾウの里として知られていました。この"ゾウ"はナウマンゾウのこと。アケボノゾウが里山の地層から見つかった"里山のゾウ"なのに対して、ナウマンゾウは言わば"川原のゾウ"です。芹川が平野にさしかかる川原では 1916 年に第 1 号のナウマンゾウ臼歯発見以降、18 点の化石が発見されています。なかでも、1998 年に発見された長さ 2.1m に達する白く輝く牙（切歯）は、大きな驚きをもって報道されました。化石の年代測定

アケボノゾウ実物標本。4.6 × 2.8m の展示ケースに収められている。

153

により、多賀町のナウマンゾウは約3万年前のもので、日本列島から姿を消す頃に棲んでいたことがわかっています。同じ展示室に、時代も種類も異なる二つのゾウの実物化石が展示されているのも、多賀町立博物館の大きな特徴となっています。

ゾウの里になって100年以上が経った今日も、多賀町は地域のみなさんとともに、アケボノゾウとのさらなる出会いを求め発掘を進めています。

地域の歴史をたどる挑戦

大事件の記憶が風化しかけた、発見から20年目の2013年、「ゾウの発掘で町おこしを!」と「多賀町古代ゾウ発掘プロジェクト」が立ち上がりました。20年前は骨化石を無事に取り出すことに全集中。アケボノゾウ以外の化石や地層についての調査できませんでした。このプロジェクトは20年前に置き忘れた2つの宿題、約180万年前の自然環境を探ること、および地域の方々が参加できる発掘を目指しています。現在まで7回の

初めての化石発掘に夢中。

発掘を終えて、ゾウは見つかっていませんがワニやシカをはじめ植物や昆虫など、約2,600点を超える化石を収集しました。発掘しながら専門家が研究の面白さを語り、子どもたちが研究者になる夢を語り、そして退職したシニアが第二の人生を化石発掘に賭けたりと、発掘現場は学びと楽しさに満ちています。

今、多賀町は「歴史文化と自然」をテーマに町づくりが進んでいます。アケボノゾウとナウマンゾウは多賀町の自然のシンボルとして紹介されています。未来に向けての町づくりのためにも、過去の成果を並べているだけの博物館ではなく、プロジェクトのような、発掘できる現場を持ち地域のみなさんとともに活動が続けられる博物館でありたいと考えています。

大八木和久さんと 多賀町立博物館

多賀町は昔から「ゾウの里」です。しかし、化石に通じたみなさんからは、多賀町といえば、ゾウよりはるか昔の約2億8,000万年前の化石が眠っている「権現谷」の方が注目度が高いようです。

そのフィールドを持つ博物館にとって、少年の頃から権現谷に通い詰めている大八木和久さんは力強く大きな存在です。開館準備を進めた頃から現在まで、大八木さんの化石に対する見識に頼ることも多く、採集からクリーニングそして展示に至るまで深く関わっていただきました。

展示されている化石は決して大きな化石ではありませんが、過去の海の環境を物語る三葉虫や腕足動物などの貴重な化石です。また、山中で見つけた何十kgもある重い岩を担いで持ち帰り、クリーニングを施した化石岩塊は博物館の貴重な標本として保管されています。

曰く「化石を差別をしない」という信念のもと、いかなる化石も粗末に扱うことなく埋もれた化石を岩から掘り出すクリーニング技術は、仏師が木に宿る仏を彫り出す、神の手に通じるものがあります。70歳を超えてもなお、化石を求めて全国を走り回る姿は、採集家たちのあこがれを通り越し、いまやレジェンドとして尊敬の対象となっているのではないでしょうか。

多賀町立博物館では、2021年夏の企画展として大八木和久さんが採集したアンモナイトをメインとした「アンモナイトの世界」を計画しています。大八木さんがリュックに詰め、林道を何kmも歩いて運んだ直径30〜40cmのアンモナイトを10個以上並べる展示を目指しています。小さくても美しく怪しく輝くアンモナイトから大きくて迫力のアンモナイトまで、一個一個の化石の魅力をどのように引き出し展示していくのか、大八木さんとともに楽しみながら、準備を進めています。

多賀町立博物館
阿部勇治
糸本夏実
但馬達雄
小早川隆

終わりに

　この本は、滋賀県の多賀町立博物館の2021年度企画展「アンモナイトの世界」に
あわせて作成したものです。当初は図録のようなものをと考えていたのですが、ずい
ぶんと内容が膨んでしまいました。

　執筆中に自分の思いが増していき、毎日毎日アイデアが浮かび、あれもこれもと書
いてしまいました。

　でも結果的に、見応えのある本に仕上がったと思っています。

　これをご覧になった方のひとりでも化石に興味を持っていただければ、うれしい限
りです。

　また、化石愛好家の方には、この本がさらに探求心を燃やすきっかけとなり、アン
モナイトを見つけてやろうという気持ちになっていただければ、光栄なことです。

　終わりに、この本の作成にあたり、貴重なご意見をいただいたり、切断試料の提供
を受けたりした北海道東神楽町の森伸一さん、千葉県千葉市の増田和彦さん、大阪府
寝屋川市の葛木啓之さん、大阪府柏原市の川辺一久さん、奈良県奈良市の上田康平さ
んに、心よりお礼申し上げます。

　また、執筆にご協力いただいた多賀町立博物館の但馬達雄先生、糸本夏実学芸員に
も感謝申し上げます。おふたりにはアンモナイトの切断と研磨、および写真撮影でも
お手伝いいただきました。

　本書の出版に当たり、築地書館の土井二郎社長には快く出版の許可をいただきまし
た。いつも編集でご苦労をおかけしている黒田智美さんにも、改めて感謝申し上げま
す。

※産地案内で使用した地図は、国土地理院の電子地図「地理院地図」を利用し、加筆して作成しました。

2021年3月31日
大八木和久

著者紹介

大八木 和久
（おおやぎ かずひさ）

化石採集家。

1950年生まれ。16年あまりにわたる滋賀県職員の仕事にピリオドを打ち、以後は自由人となり全国各地を旅して採集活動を続けています。

1997年から1999年まで、滋賀県の多賀町立博物館の開設準備室でお手伝いをさせていただく機会を得ました。主に化石のコーナーと近江カルストのブースで、資料の収集や標本作製、展示設計などを担当させていただきました。
その後、甲賀市のみなくち子どもの森でも、開設準備室で準備作業をさせていただきました。
以後は自由人に戻り、化石採集の日々を過ごしています。
僕も満71歳になりますが、気力と体力はまだまだ若く、まだ50歳くらいのつもりです。しかしながら、世間一般では高齢者扱いとなり、気分的にやりにくくなっています。今後は倒れるまで、自然のなかに身を置き続けて生きていきたいと思っています。

2020年5月26日、北海道苫前町の海岸（第三紀鮮新世：遠別層）で、海牛（かいぎゅう）の化石を発見しました。体長約8m、ほぼ全体が残っていると想像される大海牛の化石です。未だ発掘には至っていませんが、近いうちに大きなニュースとなることは間違いありません。じつに楽しみです。

背後の地層の中に見えるのが海牛の化石で、10本ほどの肋骨が並んでいます。ちょうど僕の頭の後ろあたりに海牛の頭の骨があり、そこから左右に肋骨が広がっています。

日本のアンモナイト
本でみるアンモナイト博物館

2021 年 4 月 30 日　初版発行

著者　　　大八木和久
発行者　　土井二郎
発行所　　築地書館株式会社
　　　　　東京都中央区築地 7-4-4-201　〒104-0045
　　　　　TEL 03-3542-3731　FAX 03-3541-5799
　　　　　http://www.tsukiji-shokan.co.jp/
　　　　　振替 00110-5-19057
印刷・製本　中央精版印刷株式会社
装丁・本文デザイン　秋山香代子

© Kazuhisa Oyagi, 2021 Printed in Japan　ISBN978-4-8067-1617-4

・本書の複写、複製、上映、譲渡、公衆送信（送信可能化を含む）の各権利は築地書館株式会社が管理の委託を受けています。

・ JCOPY 〈(社) 出版者著作権管理機構 委託出版物〉
本書の無断複製は著作権法上での例外を除き禁じられています。複製される場合は、そのつど事前に、(社)出版者著作権管理機構（電話 03-3513-6969、FAX 03-3513-6979、e-mail: info@jcopy.or.jp）の許諾を得てください。

帰ってきた！ 日本全国化石採集の旅
化石が僕をはなさない

大八木和久 ［著］
2,200 円＋税

北海道から九州まで、化石採集箇所のべ 2,800 カ所、標本数は 8,000 点以上。
50 周年を迎えた化石採集の旅の中で出合った、とっておきの採集地や化石探しの極意、化石仲間との交流を、たくさんの写真とともに化石採集の達人が語りつくす。

日本の絶滅古生物図鑑

宇都宮聡＋川崎悟司 ［著］
2,200 円＋税

大物恐竜化石を次々発見する伝説の化石 ［ドラゴン］ ハンターと、大人気の古生物イラストレーターが再びタッグを組んだ！
サメ・魚類／四足動物／床板サンゴ／貝類／頭足類／三葉虫／甲殻類／昆虫類／生痕化石 47 種を、カラーイラストと化石・産地の写真で紹介。

８つの化石・進化の謎を解く ［中生代］
化石が語る生命の歴史

ドナルド・R・プロセロ ［著］　江口あとか ［訳］
2,000 円＋税

陸にあがった生物たちは、そこでどのような進化をとげたのか。
カメ、ヘビ、そして恐竜が登場し、最初の鳥アーケオプテリクスも現れる。海の中には、大型魚竜ショニサウルス、首長竜クロノサウルス。さまざまな発掘・研究秘話とともに、生物の陸上進出から哺乳類の登場までを、進化を語る化石で解説する。